Was ist dran an Bauernregeln?

Cirren (auch Cirruswolken oder Cirrostratuswolken genannt)

DR. KARSTEN BRANDT

Was ist dran an Bauernregeln?

Altes Wetterwissen auf dem Prüfstand

Bassermann

Inhalt

Vorwort

**„Wer rät trocken oder nass,
der trifft auch mitunter was."**

So denken viele über Bauernregeln oder alte Wetterweisheiten, aber ich möchte Ihnen mit diesem Buch zeigen, dass hinter den Bauernregeln mehr steckt als raten, und das erstmals für ganz Deutschland.

Viele Bauernregeln haben einen harten Kern und treffen mit großer Genauigkeit zu. Selbst in dem sich verändernden Klima haben die Bauernregeln an Gültigkeit in vielen Fällen nichts verloren. Bauernregeln helfen, Vorhersagen für die nächsten Stunden und über längere Zeiträume zu erstellen. Die moderne Meteorologie ist bis heute nicht in der Lage, Vorhersagen für Wochen oder Monate im Voraus zu erstellen. Viele Bauernregeln lassen uns langfristige Trends der Witterung erkennen. Nutzen Sie die Weisheit unserer Vorfahren.

In diesem Buch finden Sie eine Zusammenschau der wichtigsten Bauernregeln aus dem deutschsprachigen Raum. Von den ca. 500 zum Teil regionalen Bauernregeln habe ich die wichtigsten ausgesucht und mit den Methoden der modernen Meteorologie und Statistik auf ihren Wahrheitsgehalt hin getestet: Entdecken Sie in diesem Buch die alten Wettersprüche neu und staunen Sie, wann und wie lange im Voraus Vorhersagen möglich sind.

Ihr Dr. Karsten Brandt

Bauernregeln – Lebensweisheiten in kurzen Sprüchen

Faszinierend an Bauernregeln ist die in einem kurzen Reim gefasste Weisheit, die von Generation zu Generation weitergegeben wird. Die meisten Bauernregeln stammen aus dem späten Mittelalter oder lassen sich bis hierher zurückverfolgen. Da so gut wie in keiner Bauernfamilie geschrieben wurde, musste das Wissen mündlich weitergegeben werden. Um dies abzusichern und somit merkfähig zu machen, wurde die Information hübsch in Sprüche verpackt, die man gut im Gehirn speichern kann. Die Bauernregeln halfen dem Bauern, sich in seinem Leben zu orientieren.

Für uns erstaunlich ist die häufig sehr gute Qualität der langfristigen Ausblicke. Die höchste Trefferwahrscheinlichkeit weisen Bauernregeln in Süddeutschland auf. Viele Bauernregeln, die im Norden und im Westen durchfallen, stimmen im Osten und insbesondere im Süden.

Diese Schwankung innerhalb Deutschlands könnte ein Zeichen dafür sein, dass viele Bauernregeln aus dem süddeutschen Raum stammen. Dies ist auch nachweislich bei vielen Regeln so. Andererseits ist das Wetter im Norden naturgemäß wechselhafter, so dass die Wahrscheinlichkeit der vielfach auf Erhaltungsneigung beruhenden Regeln abnimmt.

Das Wetter entschied über die Ernte

Für den Bauern war all sein Wirken von jeher darauf gerichtet, eine gute Ernte einzubringen. Vom Wetter hing alles ab – am besten waren die gemäßigten Jahre, mit nicht zu viel oder zu wenig Regen und mittleren Temperaturen. Ein nasses und kühles Frühjahr verkürzt die Wachstumszeit und damit die Gesamternte. Ein nasser Sommer sorgt für Schimmel und schlechtes Heu. Hagel und Sturm im Sommer lassen ebenfalls erhebliche Ernteschäden entstehen. Auch eine überdurchschnittliche Trockenheit, insbesondere im Frühjahr, kann erhebliche Schäden verursachen. Der Bauer wünscht sich also das richtige Wetter zum richtigen Zeitpunkt.

Ein gutes Jahr für den Bauern ist ein Jahr mit ausreichend Regen und mittleren Temperaturen – zumindest nicht zu kalten Temperaturen. Auch die Sonnenscheindauer sollte in einem fruchtbaren Jahr durchschnittlich, wenn nicht überdurchschnittlich sein.

Januar

Bauernregeln im Januar

Im Winter kommt der Bauer zur Ruhe. Es gibt zwar einige Reparaturarbeiten an Haus und Hof, aber es ist viel Muße übrig. In dieser Zeit wird gerne im Wald gearbeitet. Ansonsten macht man sich Gedanken über das kommende Jahr. Gerne wird auch anhand des Jahresbeginns spekuliert, wie wohl das nächste Jahr werden könnte.

Der Januar ist der kälteste Monat in Deutschland. Bis zum Ende des Monats sinken die Mitteltemperaturen in ganz Deutschland in Wellen ab, bevor sie in der letzten Woche wieder deutlich ansteigen. Der kälteste Tag in Deutschland ist im Mittel am 25.1. zu erwarten, also reagiert die Lufttemperatur mit etwa fünf bis sechs Wochen Verzögerung auf den Sonnenstand.

Klassische Wetterphasen im Januar

Datum	Bezeichnung	Wetterlage
1.1. – 9.1.	Hochwinter	kalt, wenig Niederschlag, immer wieder Sonne
12.1. und 18.1. – 20.2	Tauwetter	häufig Regen, wenig Sonne, Milderung
22.1. – 26.1.	Hochwinter	häufig Sonnenschein, zunehmend trocken, häufig die kälteste Zeit
ab 27.1.	Tauwetter	deutlich milder, wenig Sonne

Wie wird es wohl werden, das neue Jahr? Zwei Bauernregeln versuchen mutig, eine Wettertendenz für das ganze Jahr zu ermitteln:

**„Die Neujahrsnacht still und klar,
deutet auf ein gutes Jahr."**

**„Wenn Neujahr strahlt im Sonnenschein,
wird das Jahr wohl fruchtbar sein."**

Ähnlich wie beim Bleigießen in der Silvesternacht sind die Ergebnisse nicht gerade ermutigend, wenn man ehrlich ist. Beim Test auf Temperatur, Regenmenge und Sonnenscheindauer gibt es an allen fünf untersuchten deutschen Stationen keinen Zusammenhang zwischen der Silvesternacht und dem Neujahrstag und dem Wetter im Jahresverlauf.
Sie glauben es nicht? Hier ein Beispiel aus dem Norden: Der Neujahrstag im Jahre 2003 war wolkenverhangen. Es folgte ein sehr sonniges Jahr mit mehr als 1900 Sonnenstunden.
Am 1.1.2000 war der Norden ebenfalls wolkenverhangen mit keiner einzigen Sonnenminute. Es folgte ein Jahr mit nur 1400 Sonnenstunden. So war es auch zu erwarten. Ein paar Stunden oder ein Tag können nicht das Wetter für ein ganzes Jahr vorhersagen. Selbst wenn man die Regel nicht nur auf einen Tag bezieht, sondern auf die Wetterlage, die an den ersten Tagen des Jahres herrscht, wird die Aussagekraft nicht wirklich stärker.

Stimmt in ganz Deutschland nicht!

Dem Bauern sind kalte Wintermonate lieber als milde, da diese einen sehr frühen Start der Vegetation bedeuten könnten. Späte Fröste zerstören dann den frühen Ausschlag. Daher ist dem Bauern eine knackig kalte Winterruhe lieber. Auch kräftige Fröste bis -20 °C sind normalerweise kein Problem, wenn eine Schneedecke liegt. Liegt kein Schnee, kann dies den Boden erheblich auskühlen.

„Januar hart und rau, nutzt dem Getreidebau."

**„Januar muss knacken,
wenn das Korn soll sacken."**

„Ist der Winter warm, wird der Bauer arm."

**„Je frostiger der Januar,
desto freundlicher das ganze Jahr."**

„Im Januar sieht man lieber einen Wolf als einen Bauern ohne Jacke."

Der Januar ist der Monat mit den größten Temperaturgegensätzen im Jahr. Bestimmen die Westwinde das Wetter, ist es mild und regnerisch. Meist brausen Stürme über das Land.

Im Gegensatz dazu ist es bitterkalt, wenn die Ostwinde dominieren. Es schneit häufig und der Wind ist eher schwach.

**„Donnert es im Januar über dem Feld,
sich später große Kälte einfind."**

Kaltluft fließt im Januar häufig mit einem Wintergewitter ein. Von Norden her kündigt sich die Kaltluft mit Schneeregen und Schneeschauern an. Für Tage wird es jetzt nasskalt und wechselhaft mit Schnee und Eis.

**„Im Januar viel Mückentanz,
verdirbt die Futterernte ganz."**

Sind im Januar viele Mücken zu sehen, herrscht während des Winters lange mildes Wetter. Der Bauer hat Angst, dass das milde Wetter einen zu frühen Frühling auslöst. Späte Fröste können dann alles zerstören.

Gewagt ist diese Bauernregel mit einer Prognose anhand des Wetterverlaufes im Januar.

**„Auf trockenen, kalten Januar
folgt viel Schnee im Februar."**

Leider gab es in den letzten 20 Jahren nicht allzu viele Jahre, die einen trocken-kalten Januar boten. Zumeist war es mild. Ich habe die Daten daher für fünf Stationen bundesweit und bis zu 30 Jahre zurück ausgewertet. Die Bauernregel stimmt. Ist es im Januar zu kalt und zu trocken, folgt in ganz Deutschland zu 65 % ein feucht-kalter Februar. Zumeist ist es nach einem frostigen Januar auch im Februar weiterhin zu kalt, wobei die Temperaturen meist schon über denen im Januar liegen. Besonders im Süden nimmt die Anzahl der Schneetage nach einem trocken-kalten Januar deutlich zu.

Stimmt in ganz Deutschland!

Die gemessenen Temperaturen haben gezeigt:

- in Norddeutschland stimmt die Regel in 6 von 10 Jahren
- in Ostdeutschland in 6 von 10 Jahren
- in Westdeutschland in 6 von 10 Jahren
- in der Mitte Deutschlands in 7 von 10 Jahren
- und im Süden in 8 von 10 Jahren

Noch weiter voraus schaut die folgende Bauernregel:

**„Ist der Januar feucht und lau,
wird das Frühjahr trocken und rau."**

Diese weit bekannte Bauernregel lässt sich statistisch kaum bestätigen. Es folgen mit gleicher Wahrscheinlichkeit feuchte und trockene Frühjahrsmonate. Es gibt bundesweit keinen gesicherten Zusammenhang zwischen einem feuchten Januar und einem trockenen Frühjahr insgesamt oder der einzelnen Frühjahrsmonate. Die Wahrscheinlichkeiten schwanken immer um die 50 %.

Stimmt in ganz Deutschland nicht!
Temperatur- und Niederschlagsmessungen haben gezeigt:
- diese Regel stimmt Norddeutschland nur in 5 von 10 Jahren
- in Ostdeutschland in 5 von 10 Jahren
- in Westdeutschland in 5 von 10 Jahren
- in der Mitte Deutschlands in 5 von 10 Jahren
- in Süddeutschland in 5 von 10 Jahren

Auch für die folgenden Bauernregeln lässt sich nur ein schwacher Zusammenhang finden:

„Ist der Januar hell und weiß,
wird der Sommer sicher heiß."

„Je frostiger der Januar,
desto freundlicher das ganze Jahr."

Diese Bauernregeln versprechen eine recht angenehme Entschädigung. Doch bestätigen lassen sie sich anhand der Wetteraufzeichnungen nur ganz leicht. Nach einem frostigen Januar sollte ein sonniges Jahr folgen. Also müsste den Bauernregeln zufolge nach viel Frost und Schnee im Januar eine überdurchschnittliche Sonnenscheindauer oder ein warmer Sommer folgen. Tatsächlich gibt es nur eine ganz schwache Tendenz dafür. Immerhin existiert ein schwacher Trend. Die Wahrscheinlichkeit für einen warmen und sonnigen Sommer ist nach einem kalten Januar etwas höher.

Stimmt in ganz Deutschland – allerdings nur schwach!

Messungen der Sonnenstunden und der Niederschlagsmengen zeigen:

- die Regeln treffen zu in Norddeutschland in 6 von 10 Jahren
- in Ostdeutschland in 6 von 10 Jahren
- in Westdeutschland in 6 von 10 Jahren
- in der Mitte Deutschlands in 6 von 10 Jahren
- in Süddeutschland in 6 von 10 Jahren

„Ist bis Dreikönigtag (6.1.) kein (strenger) Winter, so kommt auch keiner dahinter."

Tatsächlich ist es so, dass ein milder Dezembermonat und Januarbeginn auch für einen restlichen milden Januar sorgen. Für alle Regionen in Deutschland gilt diese Regel. Waren der Dezember und die ersten Januartage zu kalt, liegt die Wahrscheinlichkeit bei fast 80 %, dass es kalt bleibt.

Schränkt man die Prüfung auf Anfang Januar ein, gilt: Ist es unabhängig vom Dezember Anfang Januar zu warm, dann bleibt es auch mit 70 % Wahrscheinlichkeit den Rest des Monats wärmer als normal. Auch der Februar ist dann in zwei von drei Fällen zu mild. Ist es zu kalt und liegt eine Schneedecke, dann ist, wie oben schon beschrieben, in vier von fünf Fällen ein insgesamt zu kalter Januar zu erwarten.

Stimmt in ganz Deutschland!
Die Temperaturmessungen beweisen es:
- diese Regelt trifft zu in Norddeutschland in 6 von 10 Jahren
- in Ostdeutschland in 7 von 10 Jahren
- in Westdeutschland in 6 von 10 Jahren
- in der Mitte Deutschlands in 7 von 10 Jahren
- und im Süden in 6 von 10 Jahren

„Wenn zu Antoni (17.1.) die Luft ist klar, gibt es ein trockenes Jahr.“

Scheint zwischen dem 14. und 20. Januar tatsächlich häufiger die Sonne, als im Durchschnitt zu erwarten wäre, dann fällt in zwei von drei Fällen das Jahr insgesamt zu trocken aus. Warum das so ist, ist nicht einfach zu erklären. Insbesondere Hochdrucklagen über dem Alpenraum scheinen schwach negativ mit der Jahresregenmenge zu korrelieren. Wahrscheinlich sind es die Jahre mit schwächeren Westwinden und weniger Tiefdruckaktivität, die zu trockenem Wetter führen. Diese Regel wurde auch schon in anderen Untersuchungen positiv getestet. Faszinierend, dass hier ein schwacher Zusammenhang über ein ganzes Jahr besteht.

Stimmt in ganz Deutschland!

Die Niederschlagsmengen bestätigen:

- diese Regel gilt in Norddeutschland in 6 von 10 Jahren
- in Ostdeutschland in 6 von 10 Jahren
- in Westdeutschland in 7 von 10 Jahren
- in der Mitte Deutschlands in 7 von 10 Jahren
- in Süddeutschland in 7 von 10 Jahren

„An Fabian und Sebastian (20.1.)
fängt der echte Winter an."

In vielen Jahren erfolgen Wintereinbrüche im Laufe des Januars. Die kältesten Temperaturen des Jahres werden dann häufig in der zweiten Januarhälfte gemessen. Vermutlich bezieht sich die Bauernregel auf diese kälteste Zeit des Jahres.

„Werden die Tage länger (ab 21. oder 22.1.),
wird der Winter strenger."

Diese Bauernregel beschreibt einen Effekt, der tatsächlich stutzig machen kann: Nicht um Weihnachten, an den kürzesten Tagen des Jahres, werden die tiefsten Tagesmittel-Temperaturen gemessen, sondern erst Mitte Januar. Mit den Kaltlufteinbrüchen im Januar werden dann in Deutschland manchmal Werte um -25 °C erreicht, obwohl die Tage wieder länger werden.

Nur acht bis neun Stunden scheint die Sonne im Januar und sie steht selbst am Mittag recht flach am Horizont. Wirklich wärmen kann die Sonne an diesen Januartagen nicht.

„Januarsonne hat weder Kraft noch Wonne."

„Sankt Paulus (25. 1.) klar,
bringt ein gutes Jahr –
hat er Wind,
regnet's geschwind."

Nimmt man nur den 25. Januar, fällt das Ergebnis dieser Bauernregel dürftig aus. Bei schönem Wetter am 25. Januar folgt ein trockenes oder ein regnerisches Jahr mit etwa gleicher Wahrscheinlichkeit. Erweitert man den Untersuchungszeitraum auf fünf Tage um diesen Termin, gibt es einen Zusammenhang mit der Sonnenscheindauer und dem Niederschlag. Ähnlich wie bei der Regel zu Antoni (zum 17.1.) folgt nach einer Hochdrucklage mit Sonnenschein ein tendenziell zu trockenes Jahr. Der Zusammenhang ist aber etwas schwächer als beim 17.1.

Stimmt in ganz Deutschland!
Die aufgezeichneten Niederschlagsmengen zeigen es:
- diese Regel gilt in Norddeutschland in 6 von 10 Jahren
- in Ostdeutschland in 6 von 10 Jahren
- in Westdeutschland in 6 von 10 Jahren
- in der Mitte in 7 von 10 Jahren
- und im Süden in 7 von 10 Jahren

**„Friert es auf Vigilius (31.1.),
im Märzen Kälte kommen muss."**

Erstaunlich, aber wahr: Ist es Ende Januar frostig und liegen damit die Temperaturen unter dem Durchschnitt, ist der März ebenfalls zu kalt. In allen Regionen Deutschlands lagen die Temperaturen im März in fast sieben von zehn Jahren unter dem normalen Jahresdurchschnitt.

Stimmt in ganz Deutschland!

Die Temperaturmessungen zeigen:
- diese Regel gilt in Norddeutschland in 6 von 10 Jahren
- in Ostdeutschland in 7 von 10 Jahren
- in Westdeutschland in 6 von 10 Jahren
- in der Mitte in 7 von 10 Jahren
- im Süden in 7 von 10 Jahren

Februar

Bauernregeln im Februar

Im Februar wünschen sich die Bauern noch Winterwetter mit Kälte und Schnee. Zu frühe Wärme lässt ein kaltes Frühjahr befürchten.

Die Temperaturwende ist geschafft. Im Februar steigen die Temperaturen weiter an, auch wenn es Rückfälle gibt. Besonders zum Ende hin steigen die Temperaturen dann deutlich an, die Schneeglöckchenblüte beginnt und eine Schneedecke hält sich in der Mitte und im Westen Deutschlands nicht mehr lange.

Klassische Wetterphasen im Februar

Datum	Bezeichnung	Wetterlage
27.1. – 12.2.	Tauwetter	mild
3.2. – 6.2.	Tauwetter	sehr mild, viel Regen, wenig Sonne
13.2. – 23.2.	Hochwinter	häufige Wintereinbrüche, kälteste Februartemperatur am 17.2.
24.2. – 29.2.	Tauwetter	viel Regen, sehr mild

**„Viel Regen im Februar,
viel Regen im ganzen Jahr."**

Eine echte Überraschung bei der Untersuchung der Daten der letzten zehn Jahre an mehreren Stationen: Bundesweit stimmt die Regel zu fast 70 %.

Warum der Februarregen so ein guter Indikator für den Jahresregen ist, ist meteorologisch nicht ganz einfach zu erklären. Die Zusammenhänge waren zum Beispiel in Süddeutschland selbst über 30 Jahre signifikant.

Stimmt in ganz Deutschland!

Die Aufzeichnungen der Regenmengen zeigen es:
- diese Regel gilt in Norddeutschland in 6 von 10 Jahren
- in Ostdeutschland in 7 von 10 Jahren
- in Westdeutschland in 6 von 10 Jahren
- in der Mitte Deutschlands in 7 von 10 Jahren
- in Süddeutschland in 8 von 10 Jahren

Nach einem kalten Januar geht dem Winter im Februar manchmal recht schnell die Puste aus, in anderen Jahren findet erst jetzt die Kaltluft den Weg zu uns.

„Brigitte (1.2.) nimmt den Winter mit oder bringt den Winter mit.“

„Wenn es an Lichtmess (2.2.) stürmt und schneit, ist der Frühling nicht mehr weit.“

Für Süddeutschland (in anderen Teilen Deutschlands gab es zu wenig Schneetage) haben wir den Lichtmesstag untersucht. In nur drei der letzten 20 Jahre gab es Neuschnee an diesem Tag. In diesen Jahren war der folgende März zweimal zu mild und einmal zu kalt.

**„Scheint an Lichtmess (2.2.) die Sonne heiß,
kommt noch sehr viel Schnee und Eis."**

**„Sonnt sich der Dachs in der Lichtmesswoche,
bleibt er vier Wochen noch im Loche."**

Diese Regeln werden durch die langjährigen Wetteraufzeichnungen tatsächlich bestätigt. Wenn es in der ersten Februarwoche sonniger als normal ist, wird es mit über 70% Wahrscheinlichkeit mehr Frosttage als üblich im Februar und März geben. Der Grund ist die Erhaltungsneigung des Wetters. Bestimmt ein Hochdruckgebiet das Wetter Anfang Februar, bringt es einen klaren Himmel mit viel Sonnenschein. Oftmals bleibt das Hochdruckwetter dann auch über ein paar Wochen bestehen. Allerdings kühlt sich die Erde in den Nächten bei wolkenfreiem Himmel stärker ab, als die Februarsonne sie am Tag aufheizen kann. Die Temperaturen sinken kontinuierlich.

Stimmt in ganz Deutschland!
Die Temperaturaufzeichnungen haben bewiesen:
- diese Regeln gelten in Norddeutschland in 6 von 10 Jahren
- in Ostdeutschland in 7 von 10 Jahren
- in Westdeutschland in 7 von 10 Jahren
- in der Mitte Deutschlands in 7 von 10 Jahren
- und in Süddeutschland in 7 von 10 Jahren

„Die heilige Dorothee (5.2.) bringt den meisten Schnee.“

Die Schneewahrscheinlichkeit nimmt im langjährigen Mittel im Laufe des Februars langsam ab. Bis zum 5.2. ist die Wahrscheinlichkeit einer Schneedecke im Flachland in Deutschland etwa so hoch wie im Januar. An etwa jedem zehnten Tag liegt eine mindestens 1 cm dicke Schneedecke. In den Mittelgebirgen wird erst Ende Februar und in kalten Wintern im März die höchste Schneedecke erreicht. Schneehöhen von 2 m und mehr sind dann möglich, da der Schnee selbst in den wärmeren Phasen nicht mehr taut.

Eine fehlende Schneedecke Ende Februar oder im März im Flachland ist für den Bauer nicht mehr so schlimm, da die stärksten Fröste dann schon vorbei sind.

„Dem Korn unter dem Schnee tut die Kälte nicht weh.“

**„Felix und Petrus (21./22.2.) zeigen an,
was wir 40 Tage für Wetter han’.“**

**„Wie es Petrus und Matthias (22./23.2.) macht,
so bleibt es noch 40 Nacht.“**

Zwei sehr gute Bauernregeln – sie stimmen bundesweit in ca. zwei von drei Fällen. Regnet es zwischen dem 21. und 23. Februar nicht, dann bleibt es in den meisten Fällen auch die folgenden drei bis vier Wochen eher zu trocken. Die Temperaturen verhalten sich mit hoher Wahrscheinlichkeit ähnlich. Ist es zu kalt, bleibt die Kälte in ganz Deutschland ebenfalls in zwei von drei Fällen.

Insbesondere Untersuchungen der Schnee- und Frosttage zeigen deutliche Zusammenhänge. Gibt es Ende Februar davon mehr als gewöhnlich, erwarten uns auch Anfang März deutlich mehr Frosttage. Liegt Ende Februar eine Schneedecke in den Mittelgebirgen, wird sie uns zu 90 % auch noch Anfang März erhalten bleiben.

Stimmt in ganz Deutschland!

Die aufgefangenen Regenmengen zeigen:
- diese Regeln gelten in Norddeutschland in 6 von 10 Jahren
- in Ostdeutschland in 7 von 10 Jahren
- in Westdeutschland in 6 von 10 Jahren
- in der Mitte in 6 von 10 Jahren
- und im Süden in 6 von 10 Jahren

„Im Hornung (Februar) Schnee und Eis, macht den Sommer lang und heiß."

Leider hält das Wetter offensichtlich nicht viel von ausgleichender Gerechtigkeit. Denn die Statistiken zeigen nicht, dass auf einen kalten Februar tatsächlich ein schöner Sommer folgen muss.
Die Chancen liegen bei unserem Test nur wenig über 50 %.

Stimmt nur tendenziell!

Die Messung der Frosttage und der Sommertemperatur zeigt:

- diese Regel gilt in Norddeutschland nur in 5 von 10 Jahren
- in Ostdeutschland in 5 von 10 Jahren
- in Westdeutschland in 5 von 10 Jahren
- in der Mitte Deutschlands in 6 von 10 Jahren
- in Süddeutschland in 5 von 10 Jahren

**„Ist der Februar sehr warm,
friert man Ostern bis in den Darm."**

Obwohl diese Regel überaus anschaulich versucht, das Wetter zu beschreiben – bestätigen lässt sie sich nicht. Ein warmer Februar verkündet nicht unbedingt einen späteren Kälterückfall.

Stimmt nicht!

Die Temperaturaufzeichnungen zeigen:

- diese Regel stimmt in Norddeutschland nur in 4 von 10 Jahren
- in Ostdeutschland in 5 von 10 Jahren
- in Westdeutschland in 5 von 10 Jahren
- in der Mitte Deutschlands in 5 von 10 Jahren
- und im Süden in 5 von 10 Jahren

Generell gibt es keine „ausgleichende" Gerechtigkeit beim Wetter. Es kann über Wochen oder über Monate hinweg in Deutschland zu warm, sein, ohne dass es danach unbedingt kalt werden muss. Global gesehen allerdings gibt es diesen Ausgleich. Fließt in einigen Teilen der Nordhalbkugel Warmluft nach Norden, muss es in anderen Teilen Kaltluftflüsse nach Süden geben.

März

Bauernregeln im März

Mit dem März beginnt für die Meteorologen das Frühjahr und die dunkle Jahreszeit ist endgültig vorbei. Die Tage werden heller und länger und die aktive Zeit für den Bauern steht vor der Tür.

Die Temperaturen steigen im März in Deutschland stark an und erreichen im Westen und Norden erstmals im Mittel die 10-Grad-Marke. Der Vorfrühling zieht nun überall in Deutschland ein. Es ist fast eine Verdreifachung der Temperatur zu erwarten.

Klassische Wetterphasen im März

Datum	Bezeichnung	Wetterlage
1.3. – 7.3.	Märzwinter	sehr kalt, der kälteste Märztag wird am 4.3. erwartet, zum Ende des Märzwinters viel Sonne
12.3.	Tauwetter	regnerisch, wenig Sonne, mild
14.3.	Märzwinter	Kälterückfall, Schnee fällt aber meist nur in den Mittelgebirgen und im Osten und Süden
17.3.	Vorfrühling	ein meist milder und sonniger Märztag (mehr als 5 Stunden Sonne im Durchschnitt)
20.3.	Märzwinter	kurzer Kälterückfall

Frost und Kälte Anfang März zögern den Frühlingsanfang hinaus, so dass gefährliche Spätfröste die Blüte nicht mehr gefährden können. Ein milder Ausklang des März „wie ein Lamm" ist daher durchaus gewünscht.

**„Im Märzen kalt und Sonnenschein,
wird es eine gute Ernte sein."**

„Der März soll kommen wie ein Wolf und gehen wie ein Lamm."

**„Fürchte nicht den Schnee im März,
darunter wohnt ein warmes Herz."**

Schnee fällt im März nur noch auf oberflächlich gefrorenen Boden und taut sehr schell weg – zumindest im Flachland. Ab Mitte Februar, in milden Jahren auch schon ab Anfang Februar, steigen die Bodentemperaturen in 20 bis 50 cm Tiefe wieder an und Schnee liegt nur kurzfristig. Nur sehr selten kann sich im März im Flachland über längere Zeit eine Schneedecke halten. In den Mittelgebirgen kann der Schnee allerdings noch lange liegen bleiben. Bis in den April hinein liegt dann eine weiße Decke über der Region.

**„Im März viel Schnee und Regen
bringt wenig Sommersegen.“**

**„Wie es im März regnet,
wird's im Juni wieder regnen.“**

Viele Bauernregeln versuchen die Qualität der Ernte vorherzusagen und vergleichen die Witterung des Monats März mit dem Hochsommer. Aber ein deutlicher Zusammenhang zwischen der Anzahl der Regentage im März und des ganzen Sommers lässt sich nicht eindeutig zeigen.

Es gibt nach einem verregneten März durchaus Hoffnung auf einen schönen Sommer. Denn mit gleicher Wahrscheinlichkeit folgen zu trockene oder zu nasse Monate. Nur in Ostdeutschland erreicht die Regel eine Wahrscheinlichkeit von 56 %.

Stimmt nicht!

Die aufgefangenen Regenmengen belegen es:

- diese Regeln gelten in Norddeutschland nur in 5 von 10 Jahren
- in Ostdeutschland in 6 von 10 Jahren
- in Westdeutschland in 5 von 10 Jahren
- in der Mitte Deutschlands in 5 von 10 Jahren
- und im Süden in 5 von 10 Jahren

Einen Vergleich zwischen einem freundlich gesinnten März und einem freundlichen April zieht diese Bauernregel:

„Einem freundlichen März folgt ein freundlicher April."

Die Wetterstatistiken sprechen gegen diese Regel. Denn wenn der März sonniger und wärmer als im Durchschnitt verläuft, folgen trotzdem zu warme und zu kalte Aprilmonate mit gleicher Wahrscheinlichkeit.

Interessanterweise ist aber der Umkehrschluss möglich: Wenn der März „unfreundlich" ist, es also deutlich weniger Sonne und niedrige Temperaturen gibt, dann folgt in zwei von drei Fällen auch ein unfreundlicher, sprich regenreicher April.

Stimmt in ganz Deutschland – bei Umkehrung der Regel!

Die aufgefangenen Regenmengen zeigen: Viel Regen im März bringt einen nassen April

- in Norddeutschland in 7 von 10 Jahren
- in Ostdeutschland in 7 von 10 Jahren
- in Westdeutschland in 7 von 10 Jahren
- in der Mitte in 7 von 10 Jahren
- in Süddeutschland in 8 von 10 Jahren

„Märzenschnee tut den Saaten und Blumen weh."

Feuchtkaltes Wetter im Frühjahr mit Schnee und kräftigen Frösten kann die Vegetationsentwicklung erheblich verzögern. Um bis zu sechs Wochen kann sich beispielsweise die Schneeglöckchenblüte hinauszögern. Die Forsythienblüte zeigt sich in einem kalten Frühjahr erst im späteren April.

Der Monat sollte jedoch auch nicht zu warm und insbesondere nicht zu feucht sein, denn Schimmel und Fäulnis könnten die Folgen sein.

„Ein grüner März erfreut kein Bauernherz."

„März allzu feucht, macht das Brot leicht."

**„Gibt es im März zu viel Regen,
bringt die Ernte wenig Segen."**

„Kunigunde (3.3.) klar,
bringt ein gesegnet Jahr.“

Wieder eine Regel, die versucht, vom Wetter eines Tages auf das ganze Jahr zu schließen. Leider mit wenig Erfolg, ähnlich den verschieden Regeln im Januar. Auch eine Erweiterung auf mehrere Tage rund um den 3. März bringt nur wenig Erfolg.

Stimmt nicht!

Die aufgefangenen Regenmengen zeigen es deutlich:

- diese Regel gilt in Norddeutschland nur in 4 von 10 Jahren
- in Ostdeutschland in 5 von 10 Jahren
- in Westdeutschland in 5 von 10 Jahren
- in der Mitte Deutschlands in 4 von 10 Jahren
- und im Süden in 4 von 10 Jahren

**„Wenn es Kunigunden (3.3.) friert,
sie's noch 40 Nächte spürt."**

**„Regen, den die 40 Märtyrer (10. 3.) senden,
wird erst nach 40 Tagen enden."**

Selbst mit 40 Märtyrern hat das Wetter kein Erbarmen und macht deren Dauerregen zunichte: Die langjährigen Wetteraufzeichnungen beweisen, dass nasse und trockene Phasen mit gleicher Wahrscheinlichkeit folgen. Einzig in Süddeutschland liegt die Wahrscheinlichkeit dieser Bauernregel mit etwas über 60 % außerhalb des Zufallsbereichs.

Stimmt überwiegend nicht – nur in Süddeutschland eine Tendenz!

Die gemessenen Regenmengen haben gezeigt:
- diese Regel gilt Norddeutschland nur in 5 von 10 Jahren
- in Ostdeutschland in 5 von 10 Jahren
- in Westdeutschland in 5 von 10 Jahren
- in der Mitte in 3 von 10 Jahren
- im Süden in 6 von 10 Jahren

„Friert es auf Getrude (17.3.), der Winter 40 Tage nicht ruht."

Ist es zur Monatsmitte zu kalt (mehr Frosttage oder Temperatur unterdurchschnittlich), dann bleibt auch mit hoher Wahrscheinlichkeit die 2. Märzhälfte zu kalt (um die 60 %). Für ganz Deutschland lässt sich die Regel bestätigen.

Stimmt überwiegend!

Temperaturmessungen zeigen, dass Frost vom 16.3. bis 18.3. zu einer zu kalten zweiten Märzhälfte führt:

- in Norddeutschland in 6 von 10 Jahren
- in Ostdeutschland in 6 von 10 Jahren
- in Westdeutschland in 7 von 10 Jahren
- in der Mitte Deutschlands in 6 von 10 Jahren
- im Süden in 6 von 10 Jahren

„Wie das Wetter zu Frühlingsanfang (21.3.), ist es den ganzen Sommer lang."

Ein einziger Tag soll über den ganzen Sommer entscheiden? Aus meteorologischer Sicht ist weniger der besondere Stichtag entscheidend als der Zeitraum von einigen Tagen um den Stichtag, der die Wetterlage beschreibt. Regnet es in diesem Zeitraum weniger als üblich, dann gibt es in etwa sechs von zehn Jahren weniger Sommerregen. Bei der Temperatur zeigen sich sogar etwas bessere Ergebnisse. Ist es um den 21.3. wärmer als normal, gibt es bundesweit zu fast 70 % einen wärmeren Juni und Juli. Für den August kann keine Aussage mehr getroffen werden. Ähnliche Aussagen lassen sich auch für die Sonnenscheindauer treffen. In sieben von zehn Fällen deutet viel Sonne zum Frühlingsanfang auf einen sonnigen Juni und Juli hin.

Stimmt für ganz Deutschland!

Die gemessenen Regenmengen beweisen:
- diese Regel gilt in Norddeutschland in 7 von 10 Jahren
- in Ostdeutschland in 7 von 10 Jahren
- in Westdeutschland in 5 von 10 Jahren
- in der Mitte in 7 von 10 Jahren
- im Süden in 5 von 10 Jahren

**„Hält St. Ruprecht (28.3.) den Himmel rein,
so wird es auch im Juli sein."**

Erstaunlich, aber wahr: Ist es um den 28. März herum wirklich sonnig, so wird der Juli mit über 72 % mehr Sonne bieten als im Durchschnitt. Ist es aber grauer als sonst, dann wird es zu 60 % auch im Juli grauer sein als sonst üblich.

Stimmt für ganz Deutschland!

Sie Sonnenscheindauer macht es deutlich:

- diese Regel gilt in Norddeutschland in 6 von 10 Jahren
- in Ostdeutschland in 7 von 10 Jahren
- in Westdeutschland in 7 von 10 Jahren
- in der Mitte Deutschlands in 7 von 10 Jahren
- und in Süddeutschland in 7 von 10 Jahren

April

Bauernregeln im April

Der April ist ein Schlüssel zum ganzen Jahr. Dünger muss auf die Felder. Die Frühkartoffeln werden angebaut, es geht „ richtig rund“ in Feld und Flur. Es ist wohl eine der seltenen Gelegenheiten im Leben, in denen „Unbeständigkeit“ Trumpf ist. Je wilder der April, desto besser für den Bauern.

Die Temperaturen steigen weiterhin rapide an. Von knapp 10 °C am Anfang des Monats auf angenehme 14 °C am Ende des Monats.

Klassische Wetterphasen im April

Datum	Bezeichnung	Wetterlage
1.4.–3.4.	Vorfrühling	sehr milde Phase mit über 8 Stunden Sonne pro Tag, in manchen Jahren schon weit über 20 °C
9.4.–11.4.	Aprilwinter	häufig noch Schnee in den Mittelgebirgen und den Alpen, kälter als an vielen Märztagen, einige Tage später in schwächerer Form wiederkehrend
ab 25.4.	Mittfrühling	fast überall werden nun in Deutschland 20 °C gemessen, die Mitteltemperaturen erreichen 15 °C, zumeist viel Sonne

„April, April, der macht was er will.“

Dies ist wohl die bekannteste aller Bauernregeln überhaupt und sie genießt ihren Ruhm zu Recht. Das Wetter im extremsten Monat des Jahres wird durch diese Regel nur zu gut beschrieben: Einmal klettern die Temperaturen auf sommerliche 20, ja manchmal sogar auf 25 °C. Ein paar Tage später wird es schon wieder eisig kalt und es fällt sogar Schnee.

**„Gehst du im April bei Sonne aus,
lass den Regenschirm nicht zu Haus.“**

„Herrengunst, Aprilwetter, Frauenlieb und Rosenblätter wenden sich oft.“

Der Grund des häufigen Wetterwechsels ist die Winter-Sommer-Umstellung der Strömung auf der Nordhalbkugel. Diese hat eine unterschiedliche Erwärmung von Wasser und Land zur Folge.

Während die Landmasse des Kontinents durch die Aprilsonne schon recht stark aufgeheizt wird, sind das Wasser der Meere und die Polargebiete noch kalt. Je nach Richtung der Luftströmung setzt sich dann winterlich-kalte oder sommerlich-warme Luft durch. Durch diese Temperaturextreme halten sich Hochs und Tiefs nur kurz und es gibt den Eindruck der Wechselhaftigkeit.

**„Wohl hundertmal schlägt das Wetter um,
das ist dem April sein Privilegium.“**

„Gibt's im April mehr Regen als Sonnenschein, wird warm und trocken der Juni sein."

Leider lässt sich die Regel nicht bestätigen. Nur für Ostdeutschland traf die Regel in sechs von zehn Jahren zu. Wenn es hier im April stark regnete, war es im Juni häufig zu trocken. An allen anderen Orten gab es keinen Zusammenhang zwischen der Aprilwitterung und der Juniwitterung. Anscheinend ist das Wetter nicht ganz so ausgleichend gerecht, wie es sich die alte Weisheit wohl wünscht. Auch für den Winter gab es schon ein ähnliches Ergebnis. Ausgleichende Gerechtigkeit in Form eines warmen Sommers für einen kalten Winter gibt es ebenfalls nicht.

Stimmt überwiegend nicht!

Die gemessenen Regenmengen zeigen:
- diese Regel gilt in Norddeutschland nur in 4 von 10 Jahren
- in Ostdeutschland in 6 von 10 Jahren
- in Westdeutschland in 3 von 10 Jahren
- in der Mitte Deutschlands in 5 von 10 Jahren
- im Süden in 2 von 10 Jahren

„Wenn's viel regnet am Amantiustag (8.4.), ein dürrer Sommer folgen mag."

Zunächst ist das ein Widerspruch zur Regel von Seite 48, aber wenn man nur den Zeitraum um den 8. April betrachtet und in diesem Zeitraum mehr Regen als normal fällt, dann gibt es für den Süden Deutschlands einen schwachen Zusammenhang.

Besser wird die Aussagekraft der Bauernregel für den Osten, die Mitte und Süddeutschland, wenn man die Jahre auswählt, die mindestens doppelt so viel Regen wie üblich in dem Zeitraum gebracht haben. Die Wahrscheinlichkeit liegt dann zwischen 70 und 80 %. Nur für den Westen und Norden lässt sich kein Zusammenhang nachweisen.

Stimmt nur für den Süden!
Die Regenmessgeräte haben es gezeigt:
- diese Regel gilt in Norddeutschland nur in 3 von 10 Jahren
- in Ostdeutschland in 4 von 10 Jahren
- in Westdeutschland in 3 von 10 Jahren
- in Mitte in 5 von 10 Jahren
- nur im Süden stimmt sie in 6 von 10 Jahren

**„April nass und kalt,
wächst das Korn wie ein Wald."**

Ein feuchter oder gar nasser und kühler April ist für die Ernte sehr gut. Der Boden saugt die Feuchtigkeit dankbar auf und speichert sie für den kommenden Sommer.

**„April trocken –
macht die Keime stocken."**

**„April kalt und trocken,
macht alles Wachstum trocken."**

Feuchtigkeitsmangel in dieser wichtigen Wachstumsphase kann zu erheblichen Ernteeinbußen führen.

„Was im April blüht, erfriert oft im Mai."

Spätfröste stellen eine ständige Gefahr für die Kirsch- und Apfelbaumblüten dar. Ende April und Anfang Mai beginnt der Vollfrühling mit der Apfelbaumblüte.

Die Angst der Bauern vor einem starken, späten Frost im Mai ist groß, und tatsächlich gibt es an den meisten Stellen Deutschlands alle zehn Jahre einen Luftfrost. Bodenfrost im Mai ist noch viel häufiger. Selbst im Juni sind alle zehn bis zwanzig Jahre Bodenfröste zu erwarten.

**„Wie's im April und Maien war,
so wird das Wetter im ganzen Jahr."**

Eine Regel, die im direkten Widerspruch zur Bauernregel auf Seite 49 steht. Und tatsächlich ist an ihr auch etwas dran. Denn in zwei von drei Fällen folgt einem warmen April/Mai wirklich ein insgesamt warmer Sommer. Ein zu kaltes Frühjahr dagegen sorgt auch für einen zu kalten Sommer.

Stimmt für ganz Deutschland!

Temperaturmessungen haben bewiesen:

- diese Regel gilt in Norddeutschland in 6 von 10 Jahren
- in Ostdeutschland in 7 von 10 Jahren
- in Westdeutschland in 6 von 10 Jahren
- in Deutschlands Mitte in 6 von 10 Jahren
- in Süddeutschland in 7 von 10 Jahren

Mai

Bauernregeln im Mai

Der Wonnemonat Mai ist der Monat des Lebens. Der Frühling zeigt sich jetzt mit einer wunderschönen Pflanzen- und Blütenvielfalt. Das Leben blüht auf, trotz kurzer kalter Schauer.

Die Temperaturen steigen im Laufe des Wonnemonats nur noch schwach an. Nur noch um ein bis zwei Grad im Durchschnitt steigt das Tagesmittel an. Allerdings legt die Sonnenscheindauer nur noch schwach zu. Zur Monatsmitte zeigen sich die Eisheiligen. In ganz Deutschland gehen die Mitteltemperaturen deutlich zurück. Häufig gibt es noch Nachtfröste.

Klassische Wetterphasen im Mai

Datum	Bezeichnung	Wetterlage
3.5. – 7.5.	Vormonsun	recht kühl, nass, wenig Sonne
10.5.	Spätfrühling	sehr warm und sonnig, häufig schon über 25 °C, der 10.5. ist für lange Zeit der wärmste Tag
13.3. – 15.3.	Eisheilige	deutlich kälter, letztmals Bodenfröste und vereinzelt Luftfröste möglich
25.5. – 2.6.	Frühsommer	deutlich wärmer, höchste Temperatur am 28.5., aber auch häufig nass mit wenig Sonne

„Auf einen trockenen Mai folgt ein dürres Jahr."

Setzt man die Regenmengen vom Mai ins Verhältnis zum Gesamtjahr, ergibt sich nur ein schwacher Zusammenhang. Über einen Zeitraum von 30 Jahren lag der Zusammenhang bei etwas über 50 %. Nur in Süddeutschland war der Zusammenhang mit fast 70 % deutlich höher, dafür war er in Westdeutschland nicht vorhanden, ganz im Gegenteil: dort regnete es nach einem trockenen Mai im Jahresablauf wesentlich mehr als sonst.

Stimmt nur für den Süden!

Die gemessenen Regenmengen zeigen:
- diese Regel gilt in Norddeutschland nur in 5 von 10 Jahren
- in Ostdeutschland in 5 von 10 Jahren
- in Westdeutschland in 3 von 10 Jahren
- in der Mitte Deutschlands in 5 von 10 Jahren
- nur im Süden klappt es in 7 von 10 Jahren

**„Der Florian, der Florian (4.5.)
noch einen Schneehut setzen kann.“**

Kaltlufteinbrüche im Mai führen über die noch kalte Nordsee manchmal eisige Luft bis ins Voralpenland. Für Schnee im Flachland reicht es zumeist nicht mehr, aber auf den Gipfeln der Mittelgebirge und in den Alpen kann nochmals Schnee fallen. Der ist aber meist auch schnell wieder weg.

**„Nordwind im Mai
bringt Trockenheit herbei.“**

Eine Regel, die für uns in Deutschland fast immer und zu jeder Jahreszeit gültig ist, da eine Luftströmung aus dem Norden meist trockene Luftmassen zu uns führt.

Die Besonderheit im Mai, die wahrscheinlich auch zur Entstehung dieser Regel geführt hat: Erstmals können sich zu dieser Jahreszeit die ersten Hochdruckgebiete tagelang halten und so auch die Windrichtung für längere Zeit bestimmen. Die Temperaturen steigen dann auf 15 bis 20 °C, nachts kühlt es sich aber auf 0 bis 5 °C ab und es friert häufig leicht.

„Pankraz, Servaz, Bonifaz und dazu die kalte Sophie
(12. – 15.5.) –
vorher lache nie."

„Ehe nicht Pankratius, Servatius und Bonifazius
(12. – 14.5.) vorbei,
ist nicht sicher vor Kälte der Mai."

Auch im Mai kann es noch zu starken Kälteeinbrüchen kommen, wenn auch das oft sehr warme Wetter fast darüber hinwegtäuschen mag. Tatsächlich fallen gerade im Zeitraum um den 12. bis 14. Mai die Temperaturen häufig rapide ab, wodurch es in den Tälern Bodenfrost und in den Höhenlagen sogar Schneeschauer geben kann.

Die Bodenfrostwahrscheinlichkeit liegt in ganz Deutschland immerhin bei 30 %, in ungünstigen Lagen auch bei bis zu 50 %.

**„St. Urban (25.5.) gibt der Kälte den Rest,
wenn Servatius (13.5.) noch was übrig lässt."**

Vor allem für Bauern war und ist diese Weisheit eine einfache Faustregel, bis zu welchem Zeitpunkt noch mit Nachtfrösten gerechnet werden muss. Denn laut Statistik treten sie ab Ende Mai nur noch ganz selten bei Kaltlufteinbrüchen in ungünstigen Lagen auf.

**„Ist St. Urban (25.5.) schön und rein,
bringt der Herbst viel guten Wein."**

Der Sankt-Urban-Tag dient auch als Stichtag für einen Ausblick auf den Herbst. Allerdings ist zwischen der Mai-Witterung und dem Wetter im Herbst kein direkter Zusammenhang zu entdecken. Immerhin zeigt die Wetterstatistik aber doch, dass die Wahrscheinlichkeit für viel Sonne im Herbst recht hoch ist, wenn schon Ende Mai die Sonne häufig schien.

„Auf einen nassen Mai folgt ein trockener Juni."

Die Bauernregel lässt sich so nicht bestätigen. Nur für die Mitte und den Süden gibt es einen schwachen Zusammenhang. In den anderen Teilen Deutschlands folgen trockene, durchschnittliche und feuchte Junimonate mit gleicher Wahrscheinlichkeit. In Ostdeutschland ist die Wahrscheinlichkeit für einen feuchten Juni nach einem feuchten Mai erhöht.

Stimmt nur für den Süden!

Die gemessenen Werte der Regenmenge beweisen es:

- diese Regel gilt in Norddeutschland nur in 4 von 10 Jahren
- in Ostdeutschland in 2 von 10 Jahren
- in Westdeutschland in 3 von 10 Jahren
- in Deutschlands Mitte in 5 von 10 Jahren
- im Süden jedoch in 7 von 10 Jahren

Juni

Bauernregeln im Juni

Für die Meteorologen ist der Juni der erste Sommermonat, astronomisch beginnt der Sommer je nach Jahr am 21. oder 22. Juni. Die Temperaturen steigen im Vergleich zum Mai in Etappen nochmals stark an.

Im Juni wird weiterhin wärmer. Doch der Monat kann in Deutschland sehr unterschiedlich ablaufen. Bestimmen Hochdruckgebiete das Wetter, ist es sonnig warm, bei Tiefdruckgebieten feucht und nass.

Klassische Wetterphasen im Juni

Datum	Bezeichnung	Wetterlage
6.6.	Schafskälte	meist feucht und nass, die Mitteltemperatur geht um fast 2 °C zurück
18.6. – 22.6.	Frühsommer	häufig warm und sonnig
27.6. – 30.6.	Siebenschläfer	in Jahren mit Hochdruckeinfluss sehr warm und sonnig, sonnigster Tag des Jahres am 24.6. mit fast 11 Stunden Sonnenschein im Jahresdurchschnitt

Das Wetter im Juni wechselt mit den Windrichtungen noch recht häufig, da die Europa umgebenden Meere noch nicht wirklich erwärmt sind. Die großen Temperaturunterschiede führen daher häufig zu wechselhaftem Wetter.

„Menschensinn und Juniwind
ändern sich geschwind."

„Der Wind dreht sich um St. Veith (15.6.),
da legt sich das Laub auf die andere Seit."

„St. Veith bringt Regen mit."

Ende Mai und Anfang Juni bestimmen häufig stabile Hochdruckgebiete das Wetter, so dass in diesem Zeitraum die Tage mit der geringsten Regenwahrscheinlichkeit des Jahres liegen.

Der Juni ist für den Bauern sehr wichtig. Wärme und ausreichend Regen sorgen für eine gute Ernte.

„Soll gedeihen Korn und Wein,
muss im Juni Wärme sein."

„Wie soll der Juni sein?
Warm mit Regen und Sonnenschein."

Am Junianfang versucht die folgende Bauernregel schon bis zum Ende des Monats zu schauen:

„Wie's Wetter zu Metardi (8.6.) fällt,
es bis zum Monatsende hält."

Es klingt fast zu einfach, und doch trifft diese Regel ganz gut: Regnet es häufig um diesen Tag, gibt es auch in den Folgetagen bis Ende Juni immer wieder Regen. Bei Trockenheit stimmt die Regel nicht so gut. Insbesondere in Norddeutschland und Westdeutschland liegen die Ergebnisse dann nur wenig über 50%.

Stimmt bei schlechtem Wetter in ganz Deutschland!
Die Regenmengenaufzeichnungen zeigen:
- in Norddeutschland gilt diese Regel in 6 von 10 Jahren
- in Ostdeutschland in 7 von 10 Jahren
- in Westdeutschland in 6 von 10 Jahren
- in der Mitte Deutschlands in 6 von 10 Jahren
- und in Süddeutschland in 7 von 10 Jahren

Mitte Juni erreichen dann meist wieder die ersten Tiefausläufer Deutschland, es regnet häufig und der Wind wechselt öfter die Richtung, bringt also auch kalte Luftmassen nach Deutschland. Eingebürgert hat sich hierfür der Begriff „Schafskälte".
Ein nasser und kühler Juni kann katastrophal für die Ernteentwicklung sein. Im „Jahr ohne Sommer" (1816), ausgelöst durch den Ausbruch des Vulkans Tambora in Indonesien im Jahr zuvor, war der Juni sehr kalt. Die Folge waren Schneeregen und Schnee in den Mittelgebirgen und eine extreme Hungersnot.

„Juni kalt und nass,
lässt leer Scheuer und Fass."

„Wenn kalt und nass der Juni war,
verdirbt er meist das ganze Jahr."

Die Wetterlagen, die sich Ende Juni, Anfang Juli einstellen, zeigen eine deutliche Tendenz für den folgenden Sommer, wie dies detailliert die Analyse der Siebenschläferregel demonstriert:

„Regnet es am Siebenschläfertag (27.6.), es noch sieben Wochen regnen mag."

„Das Wetter am Siebenschläfertag sieben Wochen bleiben mag."

Die eingängige Siebenschläferregel ist bis heute eine der bekanntesten Bauernregeln und sie stimmt für weite Teile Deutschlands, wobei der wahre Siebenschläfertag aufgrund der Kalenderreform der 7. Juli ist. Testet man die Siebenschläferregel mit den Wetterdaten von Ende Juni auf den Juli, ergeben sich, abgesehen von Norddeutschland, recht gute Ergebnisse. Noch besser wird der Zusammenhang, wenn das Wetter Anfang Juli getestet wird. In einigen Teilen Deutschlands stimmte die Siebenschläferregel in neun von zehn Jahren.

Stimmt für ganz Deutschland!
Die Messung der Sonnenstunden beweist es:
- diese Regel gilt in Norddeutschland in 6 von 10 Jahren
- in Ostdeutschland in 7 von 10 Jahren
- in Westdeutschland in 7 von 10 Jahren
- in der Mitte in 8 von 10 Jahren
- im Süden in 8 von 10 Jahren

**„Stellt der Juni mild sich ein,
wird's auch der September/Dezember sein."**

Der ganz weite Blick in die Zukunft lässt sich hier nicht wirklich bestätigen. Zwischen einem statistisch zu warmen Juni und einem milden September lässt sich kein wirklicher Zusammenhang finden. Zum Dezember ist eine etwas bessere Korrelation vorhanden. Sicher sind die Ergebnisse aber nicht.

Stimmt nicht!
Temperaturmessungen zeigen:
- diese Regel trifft in Norddeutschland nur in 4 von 10 Jahren zu
- in Ostdeutschland in 4 von 10 Jahren
- in Westdeutschland in 3 von 10 Jahren
- in Deutschlands Mitte in 5 von 10 Jahren
- und in Süddeutschland 6 von 10 Jahren

Juli

Bauernregeln im Juli

Im Juli erreichen die Temperaturen ihren Höchststand – etwa 14 Tage später als die Sonne.
Für den Bauern ist Sonnenwärme im Juli in der Erntezeit sehr willkommen.

Die höchsten Mitteltemperaturen des Jahres mit weit über 20 °C werden im Juli erreicht. Der Hochsommermonat kann in Deutschland je nach Verlauf der Westwindzone sehr unterschiedlich verlaufen.

Klassische Wetterphasen im Juli

Datum	Bezeichnung	Wetterlage
1.7. – 3.7.	Hochsommer	viel Sonne, warm
7.7. – 11.7.	Monsunwelle	viel Regen, kühl
17.7. – 22.7.	Monsunwelle	Schauer und Gewitter, kühl
ab 23.7.	Hochsommer	im Durchschnitt wärmste Zeit des Jahres, weniger Regen, viel Sonne, 28. und 29.7. wärmste Tage des Jahres

**„So golden die Sonne im Juli strahlt,
so golden sich der Roggen mahlt."**

**„Im Juli recht viel Sonnenschein,
wird jedem Bauern willkommen sein."**

Neben dem Juni, ist der Juli für den Bauern der wichtigste Monat des Jahres. Von allen Wetterelementen im rechten Maß soll es etwas geben, dann wird die Ernte gelingen.
Größter Feind des Bauern im Sommer ist der Hagel. Ganze Ernten werden durch ein Hagelgewitter vernichtet.

**„Hagelt es im Juli und August,
ist es aus mit des Bauern Freud und Lust."**

Viele Juli-Bauernregeln sind Varianten der berühmten „Siebenschläferregel", die allgemein auf den 27. Juni bezogen wird. Doch wegen der Verschiebung durch die gregorianische Kalenderreform im Jahre 1582 müsste der Stichtag für die „Sieben-Wochen-Prognose" inzwischen der 7. Juli sein.

„Das Wetter am Siebenschläfertag (hier 7.7.)
sieben Wochen bleiben mag."

In diesem Zeitraum beruhigt sich häufig die Wetterlage über Europa, die west-östlichen Zugbahnen der Hoch- und Tiefdruckgebiete bleiben dann über Wochen relativ konstant, es gibt nicht mehr den schnellen Wechsel, der zum Beispiel das unbeständige Aprilwetter ausmacht. Nun können sich Wetterlagen länger über Europa stabilisieren. Bei Hochdruckgebieten führt das zu trockener, warmer Luft und einem Himmel mit wenigen Wolken.

„Fällt Regen am Heimsuchungstag (2.7.), vier Wochen lang er währen mag."

Die Ergebnisse sind, mit Ausnahme des Nordens, überragend. In der Mitte Deutschlands zeigte die Sonnenscheindauer Anfang Juli an, wie in etwa die Sonnenscheindauer des gesamten Monats abschneiden wird. Nur in einem Jahr stimmte das Ergebnis nicht. Beim Niederschlag und bei der Anzahl der Regentage gibt es ganz ähnliche Tendenzen.

Stimmt für ganz Deutschland!

Die Messungen der Sonnenscheindauer vom 5.7. bis 9.7. zeigen es:

- die Regel gilt in Norddeutschland in 6 von 10 Jahren
- in Ostdeutschland in 8 von 10 Jahren
- in Westdeutschland in 8 von 10 Jahren
- in der Mitte Deutschlands in 9 von 10 Jahren
- und im Süden in 8 von 10 Jahren

**„Genauso wie der Juli war,
wird nächstes Mal der Januar."**

Eine wissenschaftliche Begründung lässt sich nicht finden, aber interessanterweise steckt auch in diesen Bauernregeln eine Portion Wahrheit: Ist der Juli zu warm, folgt mit einer Wahrscheinlichkeit von etwas mehr als 60 % ein zu kalter Januar.

Stimmt tendenziell für ganz Deutschland!
Die Messungen der Temperaturen zeigen es:
- diese Regel gilt Norddeutschland in 6 von 10 Jahren
- in Ostdeutschland in 7 von 10 Jahren
- in Westdeutschland in 7 von 10 Jahren
- in der Mitte Deutschlands in 6 von 10 Jahren
- und ebenfalls m Süden in 6 von 10 Jahren

**„Sind um Jakobi (25.7.) die Tage warm,
gibt's im Winter viel Kälte und Harm."**

Jedoch lässt sich dieser zwar schwache, aber zumindest teilweise vorhandene Zusammenhang der vorherigen Bauernregel nicht auf den gesamten Winter übertragen – hier sind warme und kalte Monate gleich wahrscheinlich.

Stimmt in ganz Deutschland nicht!

**„Was der Juli verbricht,
rettet der September nicht."**

**„Was Juli und August nicht kochen,
kann kein Nachfolger kochen."**

Ohne ausreichende Wärme und Sonnenschein können die Trauben nicht groß und süß werden. Der September kann die Wärme dazu nicht mehr liefern, wenn Juli und August zu kühl waren. Auch ein warmer und sonniger September kann einen schlechten Sommer nicht retten.

August

Bauernregeln im August

Der August kann sehr hochsommerlich ausfallen, im Mittel aber sinken die Temperaturen schon ganz langsam ab. Auch die Sonnenscheindauer fällt niedriger aus als im Juni oder Juli.

Nochmals werden um den 5. August zehn Sonnenstunden im Mittel gemessen. Die Zeit der großen Hitze ist aber noch nicht vorbei. Bis Mitte August können die Temperaturen fast 40 °C erreichen. Erst zum Ende des Monats fehlt der Sonne dann langsam die Kraft für solche Wärmegrade.

Klassische Wetterphasen im August

Datum	Bezeichnung	Wetterlage
7.8.	Hochsommer	sonnig und warm
18. und 19.8.	Hochsommer	sonnig und sehr warm
20.8. – 24.8.	späte Monsunwelle	häufig Schauer und Gewitter
Ende August	späte Monsunwelle	häufig Schauer, kühl

Die folgenden Bauernregeln versuchen einen Zusammenhang zwischen den August und dem Winter herzustellen:

„Ist es in der ersten Augustwoche heiß, bleibt der Winter lange weiß."

Stimmt nicht!

Langjährige Temperaturaufzeichnungen beweisen:

- diese Regel gilt Norddeutschland nur in 5 von 10 Jahren
- in Ostdeutschland in 4 von 10 Jahren
- in Westdeutschland in 3 von 10 Jahren
- in Deutschlands Mitte in 5 von 10 Jahren
- in Süddeutschland in 6 von 10 Jahren

„Wittert es viel im August, du nassen Winter erwarten musst."

Stimmt nicht!

Die Messungen der Regenmengen zeigen es:

- diese Regel stimmt in Norddeutschland nur in 5 von 10 Jahren
- in Ostdeutschland in 4 von 10 Jahren
- in Westdeutschland in 3 von 10 Jahren
- in der Mitte in 5 von 10 Jahren
- und im Süden in 6 von 10 Jahren

Viele Bauernregeln stellen einen Zusammenhang zwischen einem warmen August und einem kalten Winter her. Aber diese Regeln lassen sich so nicht bestätigen. Das Gegenteil ist der Fall:

**„Wie der August war,
wird der künftige Februar.“**

Mit einer Wahrscheinlichkeit von immerhin 75 % folgt einem im Durchschnitt zu warmen August ein zu milder Februar.

Stimmt in ganz Deutschland!
Die Messungen der Temperaturen zeigen es:
- diese Regel stimmt in Norddeutschland in 7 von 10 Jahren
- in Ostdeutschland in 7 von 10 Jahren
- in Westdeutschland in 8 von 10 Jahren
- in der Mitte Deutschlands in 8 von 10 Jahren
- und im Süden in 8 von 10 Jahren

„Schöner Laurentiustag (10.8.) – trockener Herbst."

Dies ist eine der besten Bauernregeln überhaupt. Ist es um den 10. August herum zu trocken, dann ist der meteorologische Herbst (also September bis November) ebenfalls deutlich zu trocken. Auch für die Sonnenscheindauer gilt die Regel: Gibt es mehr Sonne als üblich im Zeitraum um den 10. August, dann werden mit einer Wahrscheinlichkeit von 82 % die Monate September bis November ebenfalls sonniger als im Durchschnitt.

Stimmt für ganz Deutschland!

Die Sonnenscheindauer beweist:

- diese Regel gilt Norddeutschland in 8 von 10 Jahren
- in Ostdeutschland in 8 von 10 Jahren
- in Westdeutschland in 8 von 10 Jahren
- in Deutschlands Mitte in 8 von 10 Jahren
- und in Süddeutschland in 8 von 10 Jahren

Der August ist der Monat der Getreideernte. Trockenes und heißes Wetter ist dem Bauern willkommen.

„August ohne Feuer macht das Brot teurer."

Auch der Winzer wünscht sich einen heißen und trockenen August, denn jetzt bekommen die Weintrauben ihre Süße. Ist der August verregnet, bleiben die Trauben klein und der Wein eher sauer.

**„Je dicker die Regentropfen im August,
je dünner wird der Most."**

**„Was die Hundstage (23.7. – 23.8.) gießen,
muss der Winzer büßen."**

Stabile Wetterlagen im August gehen mit Nord- und Ostwinden einher. Das Hochdruckgebiet schiebt sich, zumeist von den Azoren kommend, über die Britischen Inseln nach Nordwesten. Es bleibt dann über der Nordsee oder dem Kanalgebiet liegen. Dadurch kommt es in Mitteleuropa zu Ost- und Nordwinden, wie die folgende Wetterregel dies treffend beschreibt:

„Wenn es im August aus Norden weht, beständiges Wetter vor dir steht."

Diese Strömungsverhältnisse können sich mit hoher Wahrscheinlichkeit durchaus zwei bis drei Wochen halten und begrenzen die Wärme. Es werden zwar tagsüber nach 14 Stunden Sonnenschein 30 °C erreicht, aber in der eher trockenen Luft kühlt es sich nachts auch entsprechend ab.

„Wie das Wetter zu Kassian (13.8.), hält es noch viele Tage an."

Die Regel stimmt teilweise. Regnet es in der Mitte und im Osten Deutschlands um den 13.8. vermehrt, ist die Regenmenge bis zum Monatsende erhöht. Bessere Ergebnisse ergibt die Analyse der Hoch- und Tiefdruckgebiete in diesem Zeitraum. Bestimmt ein Hochdruckgebiet zur Augustmitte das Wetter über Mitteleuropa, erhält sich das gute Wetter meist bis zum Ende des Monats.

Stimmt nur tendenziell für Teile Deutschlands!

Bei der Messung der Regenmenge ergibt sich:

- die Regel gilt Norddeutschland in 5 von 10 Jahren
- in Ostdeutschland in 6 von 10 Jahren
- in Westdeutschland in 6 von 10 Jahren
- in der Mitte in 6 von 10 Jahren
- im Süden in 4 von 10 Jahren

„Wie das Wetter am Himmelfahrtstag (15.8.), so es noch zwei Wochen sein mag."

Eine sehr wichtige Regel: Ist es in Deutschland sonnig in diesem Zeitraum, wird in zwei von drei Jahren das sonnige Wetter bis zum Monatsende anhalten. Bei regnerischem Wetter hält das regnerische Wetter ebenfalls bis zum Monatsende mit hoher Wahrscheinlichkeit an.

Stimmt in ganz Deutschland!
Bei Sonnenschein gilt diese Regel:
- in Norddeutschland in 6 von 10 Jahren
- in Ostdeutschland in 7 von 10 Jahren
- in Westdeutschland in 6 von 10 Jahren
- in der Mitte Deutschlands in 7 von 10 Jahren
- in Süddeutschland in 6 von 10 Jahren

„Wie sich an Bartholomäus (24.8.) das Wetter verhält, so ist es auch im Herbst bestellt.“

Ist es Ende August besonders warm, ist meist auch der Herbst recht mild. Immerhin in drei von vier Fällen stimmt diese Regel in ganz Deutschland. Besonders Oktober und November fallen dann zu warm aus, der September ist meist nur durchschnittlich warm. Auch bei der Sonnenscheindauer zeigen sich ähnliche Ergebnisse. Ist es Ende August sonnig, wird der Herbst sonnig.

Stimmt in ganz Deutschland!

Die Anzahl der Sonnenstunden zeigt:

- in Norddeutschland gilt diese Regel in 7 von 10 Jahren
- in Ostdeutschland in 8 von 10 Jahren
- in Westdeutschland in 8 von 10 Jahren
- in Deutschlands Mitte in 8 von 10 Jahren
- und im Süden in 8 von 10 Jahren

September

Bauernregeln im September

Der September ist der erste meteorologische Herbstmonat. Die Temperaturen fallen besonders in den Nächten stark ab und in den Mittelgebirgen gibt es oft den ersten Bodenfrost.

Im September sinken die Temperaturen rasant ab. Der Übergangsmonat September zwischen Sommer und Herbst bietet in vielen Jahren aber schönes Wetter und wenige Regentage.

Klassische Wetterphasen im September

Datum	Bezeichnung	Wetterlage
6.9. – 10.9.	Spätsommer	häufig trocken, sonnig, wenig Regen
22. und 23.9.	späte Monsunwelle	kühl, Schauerwetter
27.9. – 2.10.	Altweibersommer	viel Sonne, wenig Regen, mild

„Der September ist der Mai des Herbstes."

Kurz und prägnant trifft es diese Bauernregel ziemlich genau, denn September und Mai sind zum Beispiel bei den Temperaturen sehr ähnlich: Tagsüber liegen sie bei 20 °C, nachts kann es schon einmal deutlich unter 10 °C kalt werden.

Insbesondere die ersten Septembertage verraten, wie der ganze Monat und der Herbst werden könnte. Die Wahrscheinlichkeit, dass ein prima Altweibersommer auf uns wartet, ist recht hoch, wenn der Monatsanfang deutlich zu warm und sonnig verläuft.

**„Gib auf Ägidien (1.9.) wohl Acht,
es sagt dir, was der Monat macht."**

**„September schön in den ersten Tagen,
will den ganzen Herbst ansagen."**

Ähnlich wie die Bartholomäus-Bauernregel zu Ende August stimmt uns die Wetterlage Anfang September auf den Herbst ein.

Ein stabiles Hoch in den ersten Septembertagen steht für einen trockenen und sonnigen Herbst. Regnet es dagegen viel am Monatsanfang, wird es in zwei von drei Jahren einen zu nassen September geben.

Stimmt in ganz Deutschland!

Die Aufzeichnungen der Sonnenstunden belegen es:

- diese Regel gilt in Norddeutschland in 7 von 10 Jahren
- in Ostdeutschland in 8 von 10 Jahren
- in Westdeutschland in 8 von 10 Jahren
- in Deutschlands Mitte in 8 von 10 Jahren
- im Süden in 8 von 10 Jahren

„Wie sich das Wetter an Maria Geburt (8.9.) verhält, so ist es noch weitere vier Wochen bestellt.“

Eine stabile Wetterlage Anfang September hält sich häufig längerfristig. Auch um den 8. September lässt sich eine Aussage für den ganzen September treffen. Ist es überwiegend freundlich, wird es schön bleiben.

Stimmt für ganz Deutschland!
Messungen der Regenmengen haben erwiesen:
- diese Regel gilt in Norddeutschland in 7 von 10 Jahren
- in Ostdeutschland in 8 von 10 Jahren
- in Westdeutschland in 8 von 10 Jahren
- in der Mitte in 8 von 10 Jahren
- im Süden in 7 von 10 Jahren

„Ist es hell am Kreuzerhöhungstag (14.9.), so folgt ein strenger Winter nach.“

Es gibt nur eine schwache Tendenz, die diese Regel unterstützt. In ca. 60 % aller Fälle ist es bei sonnigem Wetter in diesem Zeitraum im Winter leicht zu kalt.

Stimmt tendenziell für Teile Deutschlands!

Durch Temperaturmessungen wurde festgestellt:

- diese Regel gilt in Norddeutschland in 5 von 10 Jahren
- in Ostdeutschland in 6 von 10 Jahren
- in Westdeutschland in 6 von 10 Jahren
- in der Mitte Deutschlands in 6 von 10 Jahren
- und in Süddeutschland in 6 von 10 Jahren

**„Trocken wird das Frühjahr sein,
ist St. Lambert (17.9.) klar und rein.“**

Stimmt tendenziell für weite Teile Deutschlands!
Langjährige Aufzeichnungen der Regenmengen zeigen:
- diese Regel gilt in Norddeutschland in 6 von 10 Jahren
- in Ostdeutschland in 7 von 10 Jahren
- in Westdeutschland in 6 von 10 Jahren
- in Deutschlands Mitte in 6 von 10 Jahren
- im Süden in 6 von 10 Jahren

Im Herbst ist Erntezeit. Der Bauer sieht die Früchte seiner Arbeit, während der Winzer noch auf gute Witterung hofft. Hochdruckgebiete mit Sonnenschein und hohen Temperaturen geben den Trauben Kraft und sorgen für einen guten Wein.
Dies wird sehr schön in dieser Bauernregel ausgedrückt:

**„Septemberregen – dem Bauern Segen,
dem Winzer Gift, wenn er ihn trifft.“**

„Kommt der Michel (29.9.) heiter und schön, wird's vier Wochen weitergehen."

Beobachtet man das Wetter im Zeitraum um den 29. September, so lässt sich tatsächlich eine gute Prognose für den Oktober abgeben. Ist es sonnig, wird auch der Oktober mit einer Wahrscheinlichkeit von über 70 % sonnig weitergehen. Die Wetterlage ändert sich nicht so rasch.

Stimmt in ganz Deutschland!

Die Messungen der Sonnenscheindauer belegen es:

- diese Regel gilt in Norddeutschland in 6 von 10 Jahren
- in Ostdeutschland in 7 von 10 Jahren
- in Westdeutschland in 6 von 10 Jahren
- in der Mitte in 7 von 10 Jahren
- im Süden in 7 von 10 Jahren

„Ist der September lind,
wird der Winter ein Kind."

Diese Bauernregel wagt einen sehr weiten Ausblick und stimmt dabei erstaunlich oft! Ist der September deutlich zu warm, wird der Winter (also Dezember bis Februar) im Vergleich zu den Durchschnittswerten ebenfalls zu mild. Besonders der Februar ist dann mit einer Wahrscheinlichkeit von 85 % zu warm.

Stimmt für ganz Deutschland!

Temperaturaufzeichnungen beweisen es:

- diese Regel gilt in Norddeutschland in 7 von 10 Jahren
- in Ostdeutschland in 8 von 10 Jahren
- in Westdeutschland in 7 von 10 Jahren
- in der Mitte Deutschlands in 7 von 10 Jahren
- und in Süddeutschland in 8 von 10 Jahren

Oktober

Bauernregeln im Oktober

Der Oktobermonat kann ähnlich wie der April zwei Gesichter haben. Manchmal kommt der Winter schon recht früh, wie zum Beispiel im Jahr 2003, in dem es selbst im Flachland schneite. In anderen Jahren gibt es tagsüber fast noch sommerliche Wärme von mehr als 20 °C.

Der Oktober ist der eigentliche Herbstmonat. Die Anzahl der trüben und regnerischen Tage nimmt zu. Die Mitteltemperaturen sinken unter die 10-Grad-Marke und werden erst Anfang April diese Marke wieder erreichen.

Klassische Wetterphasen im Oktober

Datum	Bezeichnung	Wetterlage
17.10. – 20.10.	Herbst-witterungs-umschlag	erstmals nasskalt, wechselhaft, in manchen Jahren schon Schnee/Schneeregen
25. und 26.10.	Herbst-milderung	oft sehr mild, aber mit Regen, nur wenig Sonnenschein

**„Oktoberhimmel voller Sterne
haben warme Öfen gerne.“**

Diese Weisheit trifft in der gesamten kalten Jahreszeit zu und lässt sich durch einfache Physik erklären: In sternenklaren Nächten kühlen sich Boden und Luft stärker ab als bei einem bedeckten Himmel.

Wolken bremsen nämlich die Abstrahlung der Wärme in den Weltraum. Zudem werden im Oktober die Nächte merklich länger und somit verkürzt sich die Zeit der Erwärmung durch die Sonne. Nachts kann deshalb schon Frost auftreten, am Boden an ungünstigen Stellen sogar bis -5 °C!

„Gießt's an St. Gallus (16.10.) wie ein Fass, wird der nächste Sommer nass."

Untersucht man die Regenmenge um den 16. Oktober, zeigt sich kein wirklicher Zusammenhang mit der Regenmenge im nächsten Sommer. Trockene, feuchte und „normale" Sommer folgen mit ähnlicher Wahrscheinlichkeit. Nur in Süddeutschland gab es in fünf von zehn Jahren deutlich mehr Regen im Sommer. Auch große Regenmengen um den 16.Oktober zeigten keine Tendenz für den nächsten Sommer.

Stimmt nicht!

Die Messungen der Regenmenge belegen es:
- diese Regel gilt in Norddeutschland nur in 1 von 10 Jahren
- in Ostdeutschland in 3 von 10 Jahren
- in Westdeutschland in 3 von 10 Jahren
- in Deutschlands Mitte in 4 von 10 Jahren
- im Süden in 5 von 10 Jahren

**„Ist der Oktober warm und fein,
kommt ein scharfer Winter drein,
ist er aber nass und kühl,
mild der Winter werden will.“**

Ist der Oktober um mindestens zwei Grad zu kalt, dann wird der Winter mit sehr hoher Wahrscheinlichkeit zu warm ausfallen! Ist der Oktober dagegen zu warm und zu trocken (mindestens zwei Grad wärmer als normal), dann ist in neun von zehn Fällen ein zu kalter Winter und besonders ein zu kalter Januar zu erwarten.

Stimmt für ganz Deutschland!
Durch Temperaturmessungen wurde festgestellt:
- diese Regel gilt in Norddeutschland in 8 von 10 Jahren
- in Ostdeutschland in 9 von 10 Jahren
- in Westdeutschland in 8 von 10 Jahren
- in Deutschlands Mitte in 8 von 10 Jahren
- und in Süddeutschland in 7 von 10 Jahren

„Oktober rau – Januar flau."

Es gibt tatsächlich – wie schon auf der vorigen Seite gezeigt – einen Zusammenhang zwischen einem kalten Oktober und einem warmen Januar. Mehrfach in den letzten 100 Jahren wurde dieser Zusammenhang untersucht. Die Wetterumstellung im Herbst signalisiert, wie der Winter werden könnte.

Die Erklärung des erstaunlichen Ergebnisses: Gibt es im Oktober häufig Hochdruckwetterlagen, so ist im Januar ebenfalls mit Hochdruckwetter zu rechnen. Im Herbst ermöglichen diese viel Sonnenschein, Trockenheit und Wärme. Im Januar jedoch sorgen sie für bittere Kälte.

„Wenn Simon und Judas (28.10.) vorbei, ist der Weg dem Winter frei."

In den letzten Oktobertagen sinkt die mittlere Lufttemperatur rasch ab. Die allerletzten Blätter fallen von den Bäumen und das Quecksilber nähert sich immer mehr der Null-Grad-Marke. Nachts gibt es häufig Frost und der erste Schnee fällt gegen November auch im Flachland.

Die Oktoberwitterung spielt dann für Bauer und Winzer nicht mehr so eine große Rolle. Jetzt hofft man auf Regen für die frisch bestellten Äcker.

„Bringt der Oktober viel Regen, ist es für die Felder ein Segen."

November

Bauernregeln im November

Für den Bauern fängt jetzt die ruhige Zeit an. Feldarbeiten fallen kaum noch an. Bis Mitte Februar herrscht auf den Feldern Winterruhe. Dafür beginnt jetzt in den Wäldern die Arbeit. Im November fallen die Temperaturen weiter ab und häufig fällt schon der erste Schnee, der aber meist nur kurz bleibt.

Im November sinken die Temperaturen auf Winterniveau ab. In den ersten Tagen liegen die Mitteltemperaturen noch in der Nähe der 10 – Grad-Marke. Nach der Herbstmilderung um den 5. November geht es mit den Temperaturen deutlich abwärts.

Klassische Wetterphasen im November

Datum	Bezeichnung	Wetterlage
1. und 2.11.	Spätherbst	etwas Regen
5. und 5.11.	Herbstmilderung	sonnig, wenig Regen, mild
19. und 20.11.	Spätherbst	wenig Regen, Nebel und Sonne halten sich die Waage, es wird kälter

**„November tritt oft hart herein,
muss nicht viel dahinter sein.“**

Startet der November kalt, bedeutet das noch lange nicht, dass der gesamte Winter kalt wird.
Nach einer kurzen kalten Phase setzt sich häufig nochmals mildes Wetter im November durch.

Stimmt in ganz Deutschland!
Langjährige Temperaturaufzeichnungen stehen dafür:

- diese Regel gilt in Norddeutschland in 9 von 10 Jahren
- in Ostdeutschland in 9 von 10 Jahren
- in Westdeutschland in 10 von 10 Jahren
- in der Mitte Deutschlands in 9 von 10 Jahren
- und in Süddeutschland in 9 von 10 Jahren

Starken Frost früh im November sieht der Bauer ungern, da der Boden und die Saat stark auskühlen und Schaden nehmen können. Ein warmer, feuchter November dagegen ist unproblematisch.

**„November hell und klar,
ist übel fürs nächste Jahr.
November warm und klar,
keine Sorgen für das nächste Jahr.“**

„Wenn der Winter vor Allerheiligen (1.11.) nicht kommt,
kommt er nicht vor Martini (11.11.).“

Neben „Altweibersommer“ und „goldenem Oktober“ hat eine weitere Schönwetter-Periode einen eigenen Namen erhalten: Anfang November können sich häufiger Hochdruckgebiete mit milder Luft über Europa halten und für Sonnenschein sorgen. Dieser Zeitraum wird deshalb auch als europäischer „Nachsommer“ bezeichnet. Ist es Ende Oktober mild, dann bleibt es auch mit hoher Wahrscheinlichkeit bis Martini mild.

Stimmt in ganz Deutschland!

Temperaturaufzeichnungen beweisen es:
- diese Regel gilt in Norddeutschland in 8 von 10 Jahren
- in Ostdeutschland in 8 von 10 Jahren
- in Westdeutschland in 10 von 10 Jahren
- in der Mitte Deutschlands in 9 von 10 Jahren
- und in Süddeutschland in 9 von 10 Jahren

**„Ist Martini (11.11.) klar mit Sonnenschein,
bricht bald ein kalter Winter herein."**

**„Hat Martini einen weißen Bart,
wird der Winter hart."**

Ob Schneedecke oder Sonnenschein: beide Wetterbeobachtungen ergaben keinen belastbaren Zusammenhang. Ist es Anfang November sonnig, kann nur für den Süden ein schwacher Zusammenhang zwischen einem kommenden kalten Winter und viel Sonne um Martini hergestellt werden.

Stimmt tendenziell nur im Süden!
Die Sonnenscheindauer belegt:
- diese Regel trifft zu in Norddeutschland in 5 von 10 Jahren
- in Ostdeutschland in 5 von 10 Jahren
- in Westdeutschland in 5 von 10 Jahren
- in der Mitte Deutschlands in 5 von 10 Jahren
- im Süden in 6 von 10 Jahren

„Wie der Tag zu Kathrein (25.11.), wird der nächste Februar bzw. Neujahr sein.“

Diese Bauernregel hält unserem Test zumindest teilweise stand: Ist es um den 25. November zu trocken, wird mit hoher Wahrscheinlichkeit (über 80 %!) auch der Februar zu trocken. Allerdings sehen die Ergebnisse für den Norden schlechter aus. Auch bei zu viel Feuchtigkeit um den 25. November wird der Februar zu feucht. Ein Zusammenhang mit dem Neujahrstag findet sich allerdings nicht. Und bei einem sonnigen 25. November stimmt die Bauernregel nur in Süddeutschland mit 7 von 10 Jahren recht gut.

Stimmt für viele Teile Deutschlands!

Die Messungen der Regenmengen zeigen es:

- diese Regel gilt in Norddeutschland in 6 von 10 Jahren
- in Ostdeutschland in 8 von 10 Jahren
- in Westdeutschland in 6 von 10 Jahren
- in Deutschlands Mitte in 8 von 10 Jahren
- in Süddeutschland in 8 von 10 Jahren

„Friert im November zeitig das Wasser, wird's im Januar umso nasser."

Auf den ersten Blick ein wirklich kurioser Zusammenhang. Aber tatsächlich bestätigen die langjährigen Wetteraufzeichnungen diese Regel: Je häufiger es Anfang November friert, desto mehr Regentage gibt es im Januar. Und das mit einer erstaunlichen Genauigkeit – im Süden und Osten von teilweise mehr als 80 %!

Ist es im Oktober/November schon winterlich kalt, dann bilden sich im Hochwinter häufig milde Westlagen aus, die Regenwetter bringen. Gute Beispieljahre dafür sind 1997 mit frühen Frösten Anfang November und auch 1999. Im Januar gab es dann mehr Regen und Wind.

Stimmt für ganz Deutschland!

Durch die Temperaturaufzeichnungen wurde es belegt:

- diese Regel gilt Norddeutschland in 7 von 10 Jahren
- in Ostdeutschland in 9 von 10 Jahren
- in Westdeutschland in 7 von 10 Jahren
- in der Mitte Deutschlands in 7 von 10 Jahren
- im Süden Deutschlands in 8 von 10 Jahren

Dezember

Bauernregeln im Dezember

Der Bauer hofft auf einen starken, kalten Winter. Mildes Wetter im Winter kann für einen frühzeitigen Frühling sorgen. Spätfröste lassen dann erhebliche Schäden entstehen.

Der Dezember ist der erste meteorologische Wintermonat. Nach Nikolaus (6.12.) wird es recht schnell kalt. Die kältesten Temperaturen werden aber erst viele Tage nach dem Sonnentiefststand im Januar erreicht.

Klassische Wetterphasen im Dezember

Datum	Bezeichnung	Wetterlage
5. und 6.12.	Nikolaus-tauwetter	es wird nochmals mild, wenig Sonne, Regen
8.12. – 23.12.	Vorwinter	häufig kalte Phase mit Schnee und Frost
24.12. – 28.12.	Weihnachts-tauwetter	es ist meist mild mit Regen, nur an einzelnen Tagen Sonne
30. und 31.12	Hochwinter	häufiger Schnee als an den milden Weihnachtstagen, auch vermehrt Frost, mehr Sonne als sonst in den dunklen Tagen

Wie wichtig für den Bauern ein kalter Dezember ist, zeigen diese Bauernregeln:

„Dezember warm – dass Gott erbarm."

**„Auf kalten Dezember mit tüchtigem Schnee,
folgt ein fruchtbares Jahr mit Futter und Klee."**

**„Weihnachten frostig, sonnig, klar,
bringt ein günstig Wetterjahr."**

Einen Blick auf die gesamte Dezemberwitterung wagt diese Bauernregel:

**„Fällt auf Eligius (1.12.) ein kalter Wintertag,
die Kälte noch vier Wochen bleiben mag."**

Ist es Ende November / Anfang Dezember zu kalt, dann bleibt das Wetter bis kurz vor Weihnachten eher kalt. Die Wetterlage hält meist bis kurz vor Weihnachten. Der Grund ist die Erhaltungsneigung der Großwetterlage in einem stabilen Hochdruckgebiet, das sich nicht so schnell von Tiefs verdrängen lässt.

Stimmt in ganz Deutschland mit hoher Wahrscheinlichkeit!

Durch Temperaturmessungen bezeugt:

- diese Regel gilt in Norddeutschland in 8 von 10 Jahren
- in Ostdeutschland in 8 von 10 Jahren
- in Westdeutschland in 7 von 10 Jahren
- in der Mitte Deutschlands in 8 von 10 Jahren
- und in Süddeutschland in 8 von 10 Jahren

„Schnee an Barbara (4.12) – Schnee an Weihnachten!“

Für Anhänger einer „weißen Weihnacht“ ist dies die wahrscheinlich wichtigste Wetterregel des ganzen Jahres: Liegt Anfang Dezember Schnee, so liegt mit 70 – prozentiger Wahrscheinlichkeit auch über die Weihnachtstage eine weiße Decke, wenn man über einen Zeitraum von 50 Jahren die Wetterdaten auswertet. Ist der Boden Anfang Dezember schneefrei, so wird in mehr als 80 % der Fälle an Weihnachten kein Schnee liegen.

Stimmt für Teile Deutschlands!
Wetterbeobachtungen zeigen es:
- diese Regel gilt in Norddeutschland in 7 von 10 Jahren
- in Ostdeutschland in 7 von 10 Jahren
- in Westdeutschland – zu wenige Fälle in den letzten Jahren
- in der Mitte Deutschlands in 7 von 10 Jahren
- und im Süden in 8 von 10 Jahren

„Geht Barbara (4.12.) im Grünen, kommt das Christkind im Schnee.“

Diese Regel wird von den langjährigen Wetteraufzeichnungen widerlegt.

**„Wenn's auf Weihnacht ist gelind,
sich noch viel Kält einfind."**

**„Christtag feucht und nass,
gibt leere Speicher und Fass."**

Nach einem zu warmen Weihnachtsfest folgen meist noch Wochen mit Frostwetter, allerdings nicht immer sofort.

In zwei von drei Fällen folgt um Neujahr oder im Januar kurzzeitig Kälte. Der gesamte Monat Januar, aber auch der Februar ist meist mild. Allerdings ist nach mildem Weihnachtswetter und mildem Januar eine erhöhte Wahrscheinlichkeit für Frostperioden im März und April vorhanden.

„Ist's an Weihnachten (25./26.12.) kalt, ist kurz der Winter, das Frühjahr kommt bald."

Tatsächlich ermöglicht das Weihnachtswetter einen Blick auf das Frühjahr. Ist das Weihnachtsfest frostig, so folgt in fast 70 % der Fälle ein zu warmer Februar und mit einer etwas geringeren Wahrscheinlichkeit auch ein warmer März, also ein schnelles Ende des Winters.

Stimmt für ganz Deutschland!
Temperaturmessungen bestätigen es:

- diese Regel gilt in Norddeutschland in 7 von 10 Jahren
- in Ostdeutschland in 8 von 10 Jahren
- in Westdeutschland in 7 von 10 Jahren
- in der Mitte Deutschlands in 7 von 10 Jahren
- in Süddeutschland in 8 von 10 Jahren

**„Wie der Dezember pfeift,
so tanzt der Juni."**

„Wie der Dezember, so der Lenz."

Diese Wetterregeln wagen einen sehr weiten Ausblick über ein halbes Jahr. Sie wurde von uns mit erheblicher Skepsis betrachtet. Aber tatsächlich: Fällt der Dezember zu warm aus, ist auch in zwei von drei Jahren ein zu warmes Frühjahr zu erwarten. Auch zum Juni gibt es eine schwache statistische Verbindung: Ist der Dezember sehr kalt, fällt der Juni meist deutlich zu warm aus. Bei Mittelwerten von unter 0 °C in Ost- und Süddeutschland im Dezember können in zwei von drei Jahren zu warme Junitage erwartet werden. Bei der Regenmenge gibt es keinen Zusammenhang zwischen Dezember und Juni.

Stimmt für Teile Deutschlands!
Temperaturaufzeichnungen belegen es:
- diese Regel gilt in Norddeutschland in 6 von 10 Jahren
- in Ostdeutschland in 7 von 10 Jahren
- in Westdeutschland in 6 von 10 Jahren
- in der Mitte Deutschlands in 6 von 10 Jahren
- und im Süden in 7 von 10 Jahren

Wind 'n Wolken

Bauernregeln zu Wind und Wolken, Himmelsfarben und Niederschlägen

Wetterregeln versuchen Vorhersagen zu erstellen, die auf der aktuellen Beobachtung des Wetters, der Farben des Himmels usw. basieren. Alle Zeichen der Veränderung, insbesondere der Himmelsbilder zusammen mit den Wolken, werden betrachtet und interpretiert. Dabei zeigen sich typische Muster der Veränderung, die ein aufmerksamer Beobachter zur Wetterverhersage nutzen kann.

**„Das Wetter erkennt man am Winde,
wie den Herrn am Gesinde."**

Bauernregeln nutzten schon früh den Wind, um Aussagen über das Wetter zu machen. Sehr bekannt sind die folgenden Bauernregeln zu den Windrichtungen:

„Ostwind bringt Heuwetter."

Besonders im Sommer sind zur Erntezeit Ostwinde beliebt, da diese trockenes und schönes Wetter versprechen und somit das Heu trocken in die Scheunen gelangen kann. Nichts ist schlimmer für den Bauern als schimmelndes Gras.

„Westwind bringt Krautwetter."

Westwinde bringen Regen. Wechselhaftes, mildes Regenwetter lässt die Natur aufblühen. Ein Tief nach dem anderen zieht von Westen heran und bringt Regen und Sonnenschein im Wechsel.

„Südwind bringt Hagelwetter."

Sehr warme Luft wird in Mitteleuropa mit südlichen Winden durch Tiefdruckgebiete nach Norden transportiert. Kurz bevor die Hitze durch Schauer und Gewitterstürme mit gefürchtetem Hagel beendet wird, herrschen noch südliche Winde.

„Nordwind bringt Hundewetter."

„Hundewetter" ist schlechtes Wetter. Nordwinde bringen zu fast jeder Jahreszeit kalte, polare Luftmassen mit Regen- oder Schneeschauern im Winter. An diesen Tagen schickt man nicht einmal einen Hund vor die Tür.

In der Tat lässt sich aus der Beobachtung der Windrichtung an einem Ort, beobachtet über einen oder besser mehrere Tage, zusammen mit der Jahreszeit der Wetterablauf für die eigene Region recht gut abschätzen.

Windströmungen entstehen durch Luftdruckunterschiede, die sich wiederum aus globalen und lokalen Temperaturunterschieden ergeben. Alle Energie geht dabei auf die global und lokal unterschiedlich starke Sonneneinstrahlung zurück. Das Grundprinzip der thermischen Zirkulation ist recht einfach. Die Kontinente und die Meere erwärmen sich unterschiedlich. Wärmere Luft hat eine geringere Dichte und steigt auf. Der Luftdruck sinkt am Boden über der warmen Stelle ab. An kälteren Stellen ist der Luftdruck erhöht. Eine Strömung entsteht vom höheren zum tieferen Luftdruck.

Auf den beiden folgenden Seiten finden Sie die moderne meteorologische Abschätzung des Wetters für Deutschland je nach Windrichtung und Jahreszeit. Aber Achtung, eine gute Vorhersage setzt mindestens eine Beobachtung des Windes von einem, besser zwei Tagen, voraus.

	Frühling	Sommer
Nordwind	recht kühl, viel Sonne, locker bewölkte Nächte, Neigung zu Nebel, ansonsten eher trocken	Wetter insgesamt kühl, teils Sonne, teils Wolken, wenig Regen, Nächte mäßig kalt
Nordostwind	kalt, meist sonnig, wenig Niederschläge, Neigung zu Nebel	Wetter weniger wechselhaft, für die Jahreszeit zu kalte Temperaturen, Nächte besonders am Sommerbegin noch empfindlich kalt
Ostwind	für die Jahreszeit viel zu kalt, trockene und klare Luft am Tag und in der Nacht, in klaren Nächten empfindlich niedrige Temperaturen	Temperaturen etwas überdurchschnittlich, häufig viel Sonnenschein, aber auch erhöhte Gewitterneigung
Südostwind	für die Jahreszeit übliche Temperaturen, wechselnd bewölkt, mäßige Niederschlagsmengen	warme Temperaturen, Wette leicht unbeständig, mäßige Regenschauer und Gewitteraktivität
Südwind	vergleichsweise mild, dichtere Bewölkung, erhöhte Niederschlagsmengen	Temperaturen deutlich erhö teils schwül, Regenschauer u Gewitter mit teils erhebliche Niederschlagsmengen
Südwestwind	sprunghafter Temperaturanstieg auf frühsommerliche Temperaturen, viel Sonne, teils Regenschauer	heiß, schwül, viel Sonne, abe auch Regenschauer und Gewitter, teils mit Hagel, möglich
Westwind	wechselhaftes Wetter mit teils Sonnenschein, teils Regen und Regenschauern, teils Graupelschauern, Temperaturen durchschnittlich oder etwas unterdurchschnittlich	Temperaturen der Jahreszeit entsprechend oder etwas erhöht, Wetter häufig wechse haft, Regenschauer und Gewitter, Hagelschauer eher selten
Nordwestwind	Temperaturen häufig zu kühl, häufig Niederschläge, Nebelbildung, Nächte nicht mehr ganz so kalt.	Temperaturen leicht unter d Durchschnitt der Jahreszeit, wechselhaftes Wetter mit Regenschauern, teils auch Gewittern

rbst	Winter	
nperaturen nur leicht erdurchschnittlich, wenig derschläge, teils Sonne, s Wolken	Temperaturen kalt, teils wechselnd bewölkt, teils Sonne, mäßige Niederschlagsaktivität	Nordwind
nperaturen der Jahreszeit sprechend, viel Sonne, ıig Niederschläge	Temperaturen deutlich unter dem Durchschnitt der Jahreszeit, häufig locker bewölkt, kaum Niederschläge	Nordostwind
nperaturen tagsüber leicht rdurchschnittlich, Nächte eits sehr kühl, überwiegend kere Wolkenfelder, starke gung zu teils zähem chnebel	Wetter insgesamt klar und kalt, strenger Frost, in den Nächten sehr strenger Frost, trocken	Ostwind
nperaturen für die reszeit etwas zu hoch, ßige Niederschlagsaktivität, s Sonne, teils Wolken	mäßig kalt, teils kräftige Schneefälle, teils sonnige Abschnitte	Südostwind
rme Tagestemperaturen, chte vergleichsweise mild, s leicht wechselhaft, gung zu Hochnebel	Temperaturen auf durchschnittlichem Niveau oder leicht darüber, erhöhte Niederschlagsaktivität, meist noch als Schnee	Südwind
nperaturen teils nochmals ht hoch, viel Sonne, teils ige Regenschauer	Temperaturen für die Jahreszeit zu warm, teils Sonne, teils Regen, seltener Schneeschauer, häufig auch Tauwetter bis in Gipfellagen	Südwestwind
nperaturen überwiegend Jahreszeit entsprechend, fig Wechsel von sonnigen l bewölkten Abschnitten, öhte Nebelneigung	Temperaturen leicht über dem Durchschnitt, Wetter sehr wechselhaft, erhöhte Gefahr von schweren Stürmen	Westwind
nperaturen leicht erdurchschnittlich, Wetter chselhaft, erhöhte elneigung	Temperaturen leicht zu niedrig, teils kräftige Regen- und Schneeschauer, Wetter insgesamt wechselhaft, häufiger Stürme, teils schwere Orkane möglich	Nordwestwind

Die folgenden Bauernregeln bringen sehr schön die Abhängigkeit der Regenwahrscheinlichkeit von der Windrichtung zum Ausdruck:

**„Wind vom Niedergang (Sonnenuntergang – also Westen) ist des Regens Anfang.
Wind vom Aufgang (Sonnenaufgang – also Osten) ist schönen Wetters Anfang."**

„Winde, die sich mit der Sonne erheben und legen, bringen selten Regen."

Ist es nachts windschwach oder gar windstill und nur tagsüber ein leichter Wind bei Sonnenschein zu spüren, dann spricht das für einen durch Sonneneinstrahlung ausgelösten Wind. Die Erdoberfläche heizt sich auf und die darüberliegende Luft transportiert die Wärme in höhere Luftschichten.
Durch unterschiedlich starke Erwärmung der Erdoberfläche und den turbulenten Transport der Wärme durch Luftblasen nach oben kommt es zu dem „Sonnenwind" tagsüber, der abends mit der Sonne schlafen geht. Zeigt sich der „Sonnenwind" nicht, dann bestimmt ein Tiefdruckgebiet das Wetter und lässt seine eigenen Winde wehen, die meist wechselhaftes Wetter bringen.

„Auf den Bergen geht der Wind heftiger als im Tal."
Vollkommen richtig. Mit der Höhe nimmt die Windgeschwindigkeit zu. Dies liegt hauptsächlich an der fehlenden Reibung an der Erdoberfläche in der Höhe. Insbesondere auf den untersten Metern zum Boden nimmt die mittlere Windgeschwindigkeit recht schnell zu. Auf den hohen Bergen kann die Luft fast ungestört fließen und dementsprechend stark ist der Wind. Über dem Meer beginnt die unbeeinflusste Strömung in ca. 500 m Höhe, im Binnenland in ca. 1500 m Höhe.

„Ziehen die Wolken dem Wind entgegen, gibt es am anderen Tag Regen."
Deutlich wird an so einer Situation, dass am Boden und in der Höhe, in der die Wolken ziehen, zwei unterschiedliche Windrichtungen herrschen. Dies ist ein ziemlich sicheres Zeichen für einen Wetterwechsel, wenn in der Höhe schon die Winde des herannahenden Tiefs wehen, während am Boden noch die Windrichtung des sich auflösenden Hochs bestimmend ist.

Mit sehr hoher Wahrscheinlichkeit gibt es in den nächsten 24 bis 48 Stunden dann zumindest zeitweise Regen und einen anderen Wettercharakter. Die Beobachtung von unterschiedlichen Windrichtungen am Boden und in der Höhe erfordert Aufmerksamkeit. Insbesondere Wolken in verschiedenen Höhen machen die Beobachtung einfacher.

„Je schöner und länger die Wolkenformationen am Himmel stehen,
desto langsamer wird das folgende schlechte Wetter gehen."

Ähnlich wie am Wind erkennt der erfahrene Wetterbeobachter bestimmte Zeichen am Himmel, die auf eine Wetteränderung hindeuten. Insbesondere hohe Wolken verraten oft schon hunderte Kilometer vor dem eigentlichen Schlechtwetterereignis die sich nahende Wetteränderung. Hohe und mittelhohe Wolken werden als das „Frühwarnsystem" der Atmosphäre bezeichnet.

Als Schlechtwetterzeichen gilt generell: Je turbulenter und chaotischer der Himmel aussieht, desto eher folgt Schlechtwetter. Wolken in allen Höhen und in unterschiedlichen Formationen sind ein sicheres Zeichen für einen Wetterwechsel oder für eine insgesamt wechselhafte Lage.

Schönste Formationen am Himmel entstehen durch mehr oder weniger chaotische Turbulenzen in der Luft, denen Wetterfronten und Gewitterlinien vorausgehen. Daher gilt auch: Je schöner der Himmel mit seinen Wolken anzusehen ist, desto vorsichtiger sollte die Wetterentwicklung beobachtet werden.

„Je weißer die Schäfchen am Himmel gehen, desto länger bleibt das Wetter schön."
Tatsächlich sind weiße Schäfchenwolken, die sich weder verdichten noch in mehreren Schichten aufziehen, ein Gutwetterzeichen. Besonders, wenn zwischen den Wolken große Lücken bestehen. Häufig tummeln sich diese Schäfchenwolken hinter den Warmfronten der Tiefdruckgebiete. Ein neues Hoch baut sich dann auf und bringt über Tage schönes Wetter. Aber Achtung: Schäfchenwolken in verschiedenen Schichten, die rasch von Westen oder Norden her an Stärke zunehmen, bringen schlechtes Wetter.

„Weiße Wolken befeuchten die Erde nicht."
Weiße Wolken sind meist nur klein. Sie schlucken nur wenig Sonnenlicht. Die Anzahl der Wolkentröpfchen oder Eiskristalle reicht nicht zur Regenbildung aus. Ganz im Gegensatz zu den vertikal mächtigen, dunklen und großen Wolken.

**„Dunkle Wolken künden Regen.
Schwarze Wolken – schwere Gewitter."**
Die Wolkenfarbe zeigt an, wie mächtig die Wolken sind. Je größer die vertikale Ausdehnung der Wolken ist, desto mehr Sonnenlicht schlucken sie und umso mehr Wassertröpfchen enthalten sie. Je mehr Tröpfchen in der Wolke vorhanden sind, desto mehr Regen können sie bilden. Die Farbe der Wolken ist daher immer ein recht sicheres Zeichen für kräftigen Regen. Im Hochsommer sind sie oft sehr grau oder gar schwarz am Himmel zu entdecken.
Ein dicht bewölkter Himmel, der jede Stunde grauer wird, ist meist ein typisches Zeichen für lang anhaltenden Regen oder Schneefall.

„Wenn die Wolken regnen, so senken sie sich."
Typisch für den Durchzug eines Tiefdruckgebietes oder einer Warmfront ist das Absenken der Wolkenuntergrenze. Von den über 7 bis 10 km hohen Cirren (siehe Seite 2) bis zur milchigen, mittelhohen Wolkenschicht, aus der es noch nicht regnet, über die tiefen Regenwolken (Nimbostratus) erfolgt der Schlechtwetteraufzug.

Lang anhaltender Regen fällt nur aus Wolken, die fast bis zum Boden reichen. Insbesondere lange anhaltender Landregen fällt nur aus tiefen Wolken.

„Wenn der Himmel gezupfter Wolle gleicht, das schöne Wetter bald dem Regen weicht."
Eine sehr wichtige Beobachtung. Mittelhohe Wolken nehmen vor Tiefdruckgebieten Formen an, die wie unordentliche Wollknäuel aussehen. Ziehen diese aus ungefähr westlichen Richtungen auf und verdichten sich, ist bald mit Regen zu rechnen. Die Regenwahrscheinlichkeit innerhalb der nächsten 48 Stunden beträgt deutlich über 80 %.

„Der Regen fällt nicht aus den tiefsten Wolken."
Auch diese Beobachtung ist richtig. Der Regenbildungsprozess findet nicht in den untersten hundert Metern der Wolken statt, sondern viele Kilometer darüber. Aus großen Regenwolken fällt der Regen aus einer hohen Regenwolkenschicht. Der Prozess der Regenbildung ist recht kompliziert und nur Sprühregen kann aus wenige hundert Meter hohen Wolkenfeldern entstehen. Großtropfiger Regen setzt Eiswolken in über 5 km Höhe voraus, so dass die Wolkenschichten bei einem Landregen durchaus 5 km dick werden können.

„Wenn die Sonne scheint sehr bleich, ist die Luft an Regen reich.“
Das ist richtig. Eine milchig weiße Sonne ist ein Zeichen für ein aufziehendes Tiefdruckgebiet mit viel Wasserdampf. In den nächsten Tagen folgt Regen. Zumeist wirkt der ganze Himmel milchig bleich, was an den mit aufziehenden hohen Cirruswolken liegt. Hohe Cirruswolken, die rasch aus Südwest oder West aufziehen, bringen in vier von fünf Fällen innerhalb von 24 Stunden Regen

Nicht als Bauernregeln formuliert sind folgende Wolkenbeobachtungen, die sich aber sehr gut für die Wettervorhersage eignen:

Rosa Cirren bei Sonnenuntergang
Wenn keine anderen Wolken vorhanden sind, versprechen rosa Cirren (siehe Seite 2) bei Sonnenuntergang ein beständiges und gutes Wetter. Aber Achtung: Zarte Rotfärbung hoher Wolken und gleichzeitig tiefe, schwarze Wolken, die nicht mehr von der Sonne beschienen werden, bedeuten mit hoher Wahrscheinlichkeit einen Wetterumschlag. Nach eigener Untersuchung folgt in drei von vier Fällen Regen in den nächsten 24 Stunden.

Mehrere Wolkenschichten
Liegen Wolken in verschiedenen Schichten übereinander, ist dies ein recht sicheres Regenanzeichen.

Auffällig tiefblauer Himmel und sehr gute Sicht
Meist ein Zeichen für wechselhaftes Wetter. Das nächste Tief kommt schon heran.

„Geht die Sonne feurig auf, folgen Regen und Wind darauf."

Auffällige Verfärbungen des Himmels haben schon immer Interesse hervorgerufen. In der Geschichte der Menschheit galten viele seltene Phänomene als schlechte göttliche Vorboten. Zahlreiche Bauernregeln beschäftigen sich daher mit den verschiedenen Verfärbungen des Himmels.

Am eindrucksvollsten ist sicherlich das Himmelsschauspiel bei Sonnenauf- und -untergang. Da tagsüber das Sonnenlicht einen sehr kurzen Weg durch die Atmosphäre nimmt, wird nur der blaue Anteil des Lichtes gestreut und die Himmelskuppel erscheint blau. Das Sonnenlicht erscheint gelblichweiß.

Bei Sonnenauf- und -untergang ist der Weg des Sonnenlichtes wesentlich weiter. Das Licht dringt durch die niedrige, dichtere und partikelreiche Atmosphäre und es überwiegen die gelben und roten Farbtöne. Insbesondere Feuchtigkeit streut und schluckt das Sonnenlicht, so dass in einer feuchten Luftmasse die Rotfärbung stärker ist als in einer trockenen Luftmasse.

„Morgenrot – Schlechtwetterbot"

Ein deutliches Morgenrot ist tatsächlich ein Zeichen für einen bevorstehenden Wetterwechsel.
Das Morgenrot ist ein Schlechtwetterzeichen, da die Sonne im Osten aufgeht und durch gering bewölkte, aber feuchte Luftschichten auf die aufziehende Bewölkung im Westen scheint. Da der Weg für die

Sonnenstrahlen weit ist, werden die blauen Anteile des Lichts herausgefiltert. Übrig bleiben, insbesondere in feuchter Luft, die roten Strahlen. Diese zeigen sich dann schön an den von Westen her aufziehenden Wolken.

Ein kräftiges Rot am Morgen und hohe und mittelhohe von Westen aufziehende Bewölkung haben im Winter sogar zu 90 % Regen oder Schnee innerhalb der der nächsten zwölf Stunden zur Folge!

„Abendrot – Gutwetterbot"

Es ist doch zunächst verwunderlich, dass das Morgenrot ein Schlecht- und das Abendrot ein Gutwetterzeichen ist. Verständlich wird das erst, wenn man bedenkt, dass die Sonne am Abend von Westen her scheint – also kein Tief mit Wolken die Sonneneinstrahlung schlucken kann. Auch Gewittertätigkeit oder Schauer sind nicht zu erwarten, denn die bodennahe Feuchtigkeit setzt sich am Boden ab. Trat allerdings nach einem Regentag ein starkes Abendrot an tiefen oder mittelhohen Wolken auf, hatten wir am Folgetag keinen einzigen Regentropfen zu erwarten (15 Fälle in einem Jahr). Ist das Wetter schlecht gewesen, ist ein deutliches Abendrot tatsächlich ein recht sicheres Schönwetterzeichen. Die Sonnenstrahlen scheinen auf die noch vorhandenen abziehenden Wolken im Süden oder Osten und der Weg für eine Wetterbesserung ist frei.

„Grauer Himmel am Morgen bedeutet nicht unbedingt Schlechtwetter."

Sie werden staunen, aber die Wahrscheinlichkeit für besseres Wetter im Tagesverlauf ist bei grau verhangenem Himmel höher als bei einem wolkenlosen Morgenhimmel. Dies liegt daran, dass in Mitteleuropa die Wahrscheinlichkeit für einen Wetterwechsel recht hoch ist, also das Blau des Morgens schnell in ein Grau am Nachmittag übergeht.

„Regenbogen am Abend ist dem Schäfer labend. Regenbogen am Morgen macht dem Schäfer Sorgen."

Ein Regenbogen entsteht durch die Zerlegung des sichtbaren Sonnenlichtes durch viele Regentropfen in seine Spektralfarben. Die Sonne darf dabei nicht zu hoch am Himmel stehen, sonst bleibt er unsichtbar. Je größer die Regentropfen sind, desto deutlicher treten die Farben des Regenbogens hervor. Der Regenbogen kann zur weiteren Wettervorhersage genutzt werden.

Zeigt sich ein Regenbogen am Abend, dann scheint die tief stehende Sonne von Westen her in die abziehende Schauerwolke hinein. Es besteht daher eine recht gute Chance, dass kein weiterer Schauer am Abend oder in der Nacht folgt.

Morgens scheint die Sonne von Osten aus in die aufziehende Schauerbewölkung im Westen. Regen steht also kurz bevor.

Hellgelbe Färbung des Himmels oder blassgelbe Wolken am Abend

Dies wird als Warnung vor starkem Wind verstanden. Meist zieht ein Sturmtief von Westen her auf.

„Gibt Ring oder Hof sich Sonne und Mond,
bald Regen und Wind uns nicht verschont.“
„Ist der Ring nahe Sonne oder Mond,
uns der Regen verschont;
ist der Ring aber weit,
hat er Regen im Geleit.“

Haloringe (Lichtringe) um die Sonne entstehen, wenn das Sonnenlicht in den Eiswolken mehrfach gebrochen wird und somit die Spektralfarben aufgefächert werden. Vorraussetzung sind somit hohe Wolken, zumeist Cirrostratuswolken, die häufig die ersten Vorläuferwolken eines nahenden Tiefs darstellen, welches meist von Westen kommt. Lichtringe um Sonne und Mond gelten seit der Antike als Wetterwarnzeichen.

In acht von neun Fällen folgte der Beobachtung von deutlichen Haloerscheinungen am nächsten oder übernächsten Tag Regen. In allen Fällen waren Tiefdruckgebiete wetterbestimmend.

„Bei Vollmond sind die Nächte kalt.“
„Ist der Himmel voller Sterne,
ist die Nacht voll Kälte gerne.“

Sind Vollmond oder Sterne klar und deutlich in der Nacht zu sehen, dann strahlt die bodennahe Atmosphäre viel Wärme in den Weltraum aus. Die Gase der Luftschicht im Treibhaus Erde strahlen nur einen Teil wieder zurück, so dass es bei wolkenlosem Himmel rasch kühl wird. Die Nachttemperaturen sind dann mit höherer Wahrscheinlichkeit kühl oder im Winter auch kalt.

„Sind abends Nebel zu schauen, wird die Luft anhaltend schönes Wetter bauen."

Nebel ist eine auf dem Boden liegende Wolke. Der Wasserdampf kondensiert in Bodennähe und bildet Milliarden von kleinsten Wassertröpfchen.
Bilden sich in den Abendstunden flache Nebelfelder, deutet dies in vielen Fällen auf einen weiteren Bestand der ruhigen Wetterlage hin. Voraussetzung für die Nebelbildung ist nämlich, dass der Wind schwach ist und keine Wolken vorhanden sind.

„Steigt der Nebel empor, steht Regen bevor."

Löst sich der Nebel im Tagesverlauf nicht auf, sondern hebt sich nur etwas, dann ist Vorsicht geboten. Regenwolken können über dem Nebel aufgezogen sein. Regentropfen entstehen ebenfalls durch Kondensation. Aufsteigende Luftpakete voller Feuchtigkeit, wie der Nebel, lassen auch mächtigere Wolken entstehen. Durch Zusammenlagerung von Tröpfchen kann Sprühregen oder leichter Regen aus der grauen Wolkenmasse entstehen.

„Wenn der Nebel sich selber nässt, dann gibt es ungemütliches Wetter."

Sprühregen oder Regen aus dem Nebel heraus bedeutet, dass die Nebelschicht dicker ist und sich dynamisch verändert oder unter Tiefdruckeinfluss entstanden ist. Das Wetter bleibt dann länger schlecht. Großtropfiger Regen entsteht allerdings in höheren und mächtigeren Wolken, in denen es kälter ist. Hier müssen auch Eiskristalle vorkommen. Diese wachsen auf Kosten der Wassertröpfchen und fallen als große Regentropfen zu Boden.

„Geht der Nebel in die Höhe, dann gibt es Regen. Bleibt er am Boden, gibt es schönes Wetter."

Wird der Nebel zu Boden gedrückt, besteht eine große Chance, dass er sich auflöst – gerade im frühen Herbst oder im späteren Frühjahr. Im Hochwinter kann sich der Nebel manchmal tagelang halten.

„Wenn der Regen im Wasser Blasen wirft, gibt es noch viel Regen."

Meist sind damit Gewitter- und Schauerregen gemeint. Regnet es sehr stark, kann es zur Blasenbildung in einer Pfütze kommen. Diese Regenfälle sind kurz, aber sehr heftig. Meist dauert die Regenperiode lange an.

„Soll die Frucht gedeihen, muss es tüchtig schneien."

Eine gute Schneedecke als Frostschutz für die Böden ist von den Bauern immer gerne gesehen. Die Bauern fürchten die Frosthebung, wenn die gefrorene Bodenschicht durch zuströmenden Wasserdampf von unten her angehoben wird und sich hebt. Die im Boden ruhenden Winterpflanzen können durch die Hebung zerrissen werden. Eine Schneedecke verhindert diesen Prozess.

„Schneit es klein klein, dann friert es Stein und Bein; schneit es wie Wolle, dann wird die Kälte nicht volle."

Diese Bauernregel betrachtet die Größe der Schneeflocken und schließt daraus, wie viel Schnee zu erwarten ist. Bei kleinen Flocken ist es eher trocken-kalte Luft, die das Wetter bestimmt. Bei feuchter, wärmerer Luft fallen eher große, dicke Flocken.

Nachts kühlt sich bei geringer Bewölkung der Erdboden stark ab. Ist die Abkühlung so stark, dass der Wasserdampf nicht mehr in der Luft gehalten werden kann, bilden sich bei Temperaturen über 0 °C Tautropfen, bei Temperaturen unter 0 °C gibt es Reif. Dabei bilden sich an den Oberflächen des Bodens aus dem Wasserdampf heraus Eiskristalle.

„Viel Morgentau macht den Himmel blau."
Statistisch lässt sich diese Bauernregel bestätigen. Je größer die Taumenge ist, desto geringer die Regenwahrscheinlichkeit am Tag. Tau bildet sich überwiegend in ruhigen, klaren Nächten unter Hochdruckeinfluss. Allerdings gibt es nur sehr wenige Nächte vollständig ohne Tau und Reif. In diesen Nächten bestimmt dann ein Tiefdruckgebiet das Wetter in den nächsten Tagen.

**„Wenn am Morgen kein Tau gelegen,
warte bis zum Abend auf sicheren Regen."**
Entsteht in einer Nacht kein Tau, dann gibt das schon einen Hinweis auf das kommende Wetter. Wind und Wolken haben in der Nacht die Taubildung verhindert. Mit hoher Wahrscheinlichkeit bestimmt ein Tiefdruckgebiet das Wettergeschehen. Die Regenwahrscheinlichkeit ist somit deutlich erhöht.
Allerdings ist die Regel nicht besonders sicher, denn klart es in der Nacht zwischen zwei Tiefdruckgebieten kurz auf, kann sich sofort viel Tau bilden und trotzdem regnet es am folgenden Nachmittag durch die Bewölkung des neuen Tiefs. Hinzu kommt, dass es in fast jeder nicht ganz wolkigen Nacht zumindest etwas Tau gibt.

„Große Hitze bringt große Unwetter."
An besonders heißen Tagen mit starker Sonneneinstrahlung sind Gewitter und Unwetter keine Seltenheit. Schwere Gewitter entstehen fast ausnahmslos im Sommer nach großer Hitze, wenn Meeresluft von Westen her auf die aufgeheizte kontinentale Luft trifft. Besonders am späten Nachmittag und am Abend entladen sich dann heftigste Gewitter.

„Wo das erste Gewitter hinzieht, ziehen auch die anderen hin."
Dies lässt sich so einfach nicht bestätigen. Gewitterzellen ziehen häufig hintereinander in eine ähnliche Richtung mit dem Höhenwind. Insgesamt sind die Prozesse bei der Gewitterentstehung aber so kompliziert und voller Überraschungen. Seit dem Jahrtausendwechsel werden durch die flächendeckende Radarüberwachung Gewitterzellen in ganz Deutschland beobachtet, wodurch man einen viel tieferen Einblick in die Gewitterdynamik gewinnt.

„Wetter die langsam ziehen, schlagen am schwersten."
Diese Beobachtung ist richtig. Bei starkem Wind ziehen die Schauer- und Gewitterwolken rasch über das betroffene Gebiet hinweg. Die Regenfälle kommen schnell heran, hören aber auch schnell auf. Bei einer schwachen Strömung können die Gewitter und Schauer über Stunden oder sogar Tage toben und Sturzfluten verursachen.
Achten Sie bei Gewitter auf schmutzig gelbe Wolken! Daraus fällt zumeist Hagel oder sehr starker Regen. Das Unwetterpotenzial ist auf jeden Fall erhöht.

„Ein Blitz trifft mehr Bäume als Grashalme."

Bäume, insbesondere freistehende, werden bevorzugt vom Blitz getroffen. Alle hoch hinausragenden, nicht geerdeten Gegenstände beeinflussen das elektrische Feld dahingehend, dass in sie bevorzugt der Blitz einschlägt. In so manchen Radio- oder Fernsehturm schlägt der Blitz während eines heftigen Gewitters mehrfach hintereinander ein. Mit ein bis zwei Blitzen pro Quadratkilometer pro Jahr muss man rechnen.

„Hohe Häuser trifft der Blitz am häufigsten."

Die höchsten Stellen werden am häufigsten vom Blitz getroffen. Alles, was frei und hoch in die Luft ragt, also vor allem Bäume, Masten und Türme, sind Ziele. Im Empire State Building in New York schlägt jährlich etwa 25 Mal ein Blitz ein. Auf dem Schweizer Säntis (2500 m hoch) sind es 400 Einschläge pro Jahr.

**„Eichen sollst du weichen,
Buchen sollst du suchen."**

In verschiedenen Variationen gibt es Bauernregeln zu den Baumarten. Im Prinzip sind sie alle falsch, denn jeder Baum stellt aufgrund seiner Höhe ein gutes Einschlagsziel dar. Allerdings kann es durchaus Unterschiede in der Einschlagswahrscheinlichkeit einzelner Baumtypen geben, da zum Beispiel Eichen häufiger alleine stehen und Buchen oft in Gruppen. Aber bitte daran denken: Alle Bäume sind gefährlich – unabhängig von der Art.

Nachwort

Warum Bauernregeln oft mehr können als die moderne langfristige Wettervorhersage

Auch die moderne Meteorologie befasst sich immer wieder mit dem Problem der langfristigen Vorhersage. Statistische Verfahren, die viele Millionen Daten aus der Atmosphäre und den Meeren verarbeiten, bilden bis heute die Grundlage der meisten modernen Vorhersagen. So spielen die Wassertemperaturen des Indischen Ozeans bei der Stärke des Monsuns in Indien und Pakistan eine große Rolle. Wenige Zehntel höhere Wassertemperaturen im Indischen Ozean verursachen deutlich stärkere Monsunniederschläge am Rande des Himalaya.

Für Europa ist der Golfstrom entscheidend. Ist der Golfstrom etwas schwächer, wird also weniger Wärme nach Nordosten transportiert, bilden sich auch das Tief über Island und des Hoch über den Azoren schwächer aus. Der milde Westwind ist schwächer. Besonders die Winter in Europa werden dann kälter. Ist der Golfstrom stärker, werden auch die Westwinde stärker wehen. Es ist im Winter milder und es regnet häufiger. Auch die Hochwassergefahr an den großen Flüssen in Mitteleuropa ist dann größer.

Da die Datengrundlage und die Rechnerausstattung heute hervorragend sind, kann man mit Hilfe von Statistiken recht erfolgreich Vorhersagen erstellen. Vorhersagen für die nächsten drei bis vier Monate sind möglich. Die Erfolgswahrscheinlichkeiten schwanken je nach Jahreszeit zwischen 55 % und 78 % bei der Analyse, ob es zu feucht, zu trocken, zu warm oder zu kalt wird. Eine Vorhersage für einen konkreten Tag in drei oder vier Wochen ist aber unmöglich.

Es ist zu vermuten, dass es Tagesvorhersagen auch in absehbarer Zukunft nicht geben wird. Es wird immer wieder Grenzen der Vorhersagbarkeit geben, was an Fehlern im Anfangszustand liegt. Beim Start der Berechnung sorgen kleine Fehler für letztendlich falsche Vorhersagen nach ein paar Tagen. Nur weil ein Tief vielleicht 20 km weiter nördlich angenommen wird, als es tatsächlich liegt, ist die Wetterlage eine Woche später ganz anders. Dies wird auch in Zukunft nicht ganz zu vermeiden sein.

Andererseits wird das Wissen um die Zusammenhänge zwischen Ozean, Troposphäre (Wetterschicht bis zu 15 km Höhe) und Stratosphäre (Wetterschicht in 15 bis 50 km Höhe) wachsen. Auch die Rolle der Sonnenaktivität wird besser verstanden werden. Vermutlich werden Jahreszeitvorhersagen in Europa noch in diesem Jahrhundert zum Standard werden. Wie der Sommer wird, ob nasskalt oder heiß, wird man in Zukunft mit hoher Wahrscheinlichkeit schon vorher wissen.

Bauernregeln haben in ganz vielen Fällen eine erhebliche Trefferquote. Anhand der Wetterregeln können Sie bei genauer Beobachtung des Himmels eigene Prognosen über die kurzfristige Wetterentwicklung anstellen. Aussagen im Zeitraum über zwei bis zehn Tage machen die meisten Bauernregeln nicht, da die Himmelszeichen dafür nicht eindeutig genug sind. Da helfen die modernen Computerprogramme. Bei den langfristigen Vorhersagen sind die Bauernregeln jedoch mehr oder weniger konkurrenzlos.

Autorenvita

Der am 25.5.1973 geborene Karsten Brandt fing schon als Kind an, sich für das Wetter zu interessieren. Besonders reizte ihn, das Wetter von morgen selber vorherzusagen – also mehr zu wissen als andere. Insbesondere den Mädchen konnte man so imponieren. Es folgte der Aufbau einer eigenen Wetterstation mit 12 Jahren. Mit den an der Station gewonnenen Daten nahm er mehrfach erfolgreich bei „Schüler experimentieren" und „Jugend forscht" teil. Noch während der Schulzeit verkaufte er Wetterberichte für Radiosender, Zeitungen und Winterdienste.

1996 gründete er den Internetwetterdienst www.donnerwetter.de – es war einer der ersten privaten Internetwetterdienste Deutschlands.
Karsten Brandt hat mehrere Studienabschlüsse erworben. 2001 wurde er an der Fernuniversität Hagen Diplom-Kaufmann, 2004 folgte ein Abschluss in Geschichte und Politik und 2007 promovierte er in Klimatologie an der Uni Essen. Derzeit ist er als Geschäftsführer für Donnerwetter.de tätig, berät Unternehmen in Klimafragen und arbeitet ehrenamtlich als Handelsrichter am Landgericht Bonn.

Impressum

ISBN: 978-3-8094-2765-0

MIX
Papier aus verantwortungsvollen Quellen
FSC® C014496

Verlagsgruppe Random House FSC®-DEU-0100
Das für dieses Buch FSC®-zertifizierte verwendete Papier *Munken White* liefert Arctic Paper Munkedals, Schweden.

Umschlaggestaltung: Atelier Versen, Bad Aibling
Fotos: Karsten Brandt
Illustrationen: Renate Sandvoß (Verlagsarchiv)
Gestaltung und Satz: Johannes Steil, Hamburg
Bildredaktion: Martina Fuchs
Herstellung: Sonja Storz
Redaktion: Anja Halveland

Druck: GGP Media GmbH, Pößneck

Printed in Germany

817 2635 4453 6271